本書は気象が戦争戦闘に与えた影響を分析し、人々の毎日の生活と
ための情勢判断の参考にする目的でまとめた。日本人の生活と活動
日本とその周辺およびアジア地域が多いので、材料の多くはそこに
いる。また科学技術の発達で人々の気象との係わり合いが昔とは
きているので、近代戦であった第二次大戦を中心にその前後の戦争
て述べているが、古戦史については参考資料程度にとどめた。

気象は戦争にどのような影響を与えたか——目次

第一章――対米英開戦

第二章──日本敗戦への道

第三章――天が日本に味方をした沖縄戦

第四章――明治維新から日露戦争へ

写真提供／米国立公文書館・雑誌「丸」編集部

気象は戦争にどのような影響を与えたか

——近現代戦に見る自然現象と戦場の研究

第一章――対米英開戦

開戦時期は気象が決めた

原嘉道枢密院議長が、昭和天皇ご臨席の御前会議を締めくくる。

「米国との間の問題を戦争で決着をつけるか否かは、最後の段階で、内閣で慎重に審議されるとのことなので、これで質問を止めます。あくまでここに同意を見た条件で対米交渉をつづけ、解決に向けて努力されるよう望みます」

こうして会議が終了するかと思われたとき、とつぜん昭和天皇が、お言葉を発せられた。居並ぶ高官たちは、何事かと緊張する。天皇は会議では、発言されないのが通例になっていたからである。

「原が懇々と質問をしたのに対し、海軍大臣が答弁して杉山参謀総長、永野軍令部総長ともに発言をしなかったがなぜか。重大なことを討議しているのがわかっているのか。私は平和を願い毎日、明治陛下の、『四方の海、皆同胞《はらから》と思う世に、など波風の立ち騒ぐらむ』という御歌を誦し、日米交渉が進展しないのを嘆いている」

「この天皇のお叱りに、軍事行動について大本営で、天皇を補佐する最高責任者の両総長は、すっかり恐縮し、しどろもどろのいいわけをして首うなだれた。

二人は陸海軍の作戦には責任があるが、外交は責任範囲外である。立場上、外交交渉が決裂して開戦になったときに、どうすれば勝てるかという観点からものを考え、外務大臣などに対しても要求をすることになるのは、やむをえない点がある。作戦のつごうで、日米交渉の期限を切るように外務大臣に要求していたのが、天皇のお考えとは違っていたのであろう。

昭和十六年（一九四一年）九月六日、宮中で行なわれたこの御前会議には、原枢密院議長や近衛首相以下の主要大臣、軍部の両総長などが出席していた。長いあいだ行なわれてきた日米交渉がまとまらず、アメリカのハル国務長官は、日本軍の中国大陸からの全面撤退など、日本が呑むはずがない最後通牒のような要求を突きつけていた。この要求に対し、日本はどう対処すべきかを決めるのが会議の目的であった。

結局日本は、外交で決着する努力はつづけるが、交渉不調のときは自衛上、戦争に訴えることがあることを含んで行動することになった。

外交交渉の裏では日米ともに、開戦になったときに備えて陸海軍の動員準備をしていた。ハワイには前年五月に、戦艦や航空母艦が大西洋から移動していて、昭和十六年二月に太平洋艦隊が編成されていた。また四月にはシンガポールに、アジア方面の米、英、蘭三国の各部隊総司令官や参謀長クラスが集まり、日本に対する作戦会議を行なっていた。

日本が最終決断を行なう直接のきっかけは、昭和十六年七月末の米、英、蘭による日本資産の凍結、いわば差し押さえと八月一日の米国の、石油の日本への輸出禁止であったが、長いあいだの、中国をめぐる日本と欧米の国益の衝突がその背景にあった。戦争の危機は一歩ずつ近づいていて、いつかは爆弾が破裂するのは避けられなかったといえよう。

御前会議——昭和天皇のご臨席のもと日米開戦や終戦が決せられた

日本海軍は、このような中で昭和十五年の末から、アメリカとの戦争準備を進めていた。まず平時計画にしたがって進行中であった艦船や航空機の建造整備を急がせた。山本五十六連合艦隊司令長官が発案し、海軍の主要兵力の半数を投入する手筈のハワイ攻略作戦は、昭和十六年の初めに連合艦隊内で研究がはじまっていた。

そのころ陸軍は、中国で本格的な戦闘をしている最中で、新たにアメリカと戦争をするための準備の余裕がない。そこで二〇〇万人の陸軍総兵員のうち、三六万人だけを南方作戦に振り向けることにした。

日本海軍は、天皇の許可を得て昭和十六年九月一日に、艦艇一三〇万トン、兵員三一万人の戦時編制をとった。最後の詰めの動員活動は、これからしなければならない。その完了までに二ヵ月はかかる予定である。

小さな撃ち合い程度ならともかく、戦争には長い準備期間が必要である。中国での戦闘に忙しく、南方作戦準備がおろそかになりがちな陸軍の参謀総長杉山元《げん》大将は、九月六日の御前会議の席上では、対米英戦についての十分な計画説明をすることができなかった。

杉山は、かつて偵察将校の訓練のために飛行機の後部座席に乗ったところ、体重が重すぎて飛行機が離陸できなかったという伝説を持っている。その杉山が、大きいからだを小さくして、御前会議で十分な説明ができないことを恥じた。そこで三日後に、改めて単独で天皇に拝謁し、作戦計画や準備の状況を報告したのである。

報告の中で杉山は、「冬季の北方が安全な時期を選んで、南方の作戦を行なう基本構想」について述べている。

海軍の軍令部総長永野修身大将は、御前会議のときすでに、「開戦時予想戦場の天象、気象等を考え、戦争準備完成の時期を十月下旬」と、述べていた。

季節気象などのことを考えると、陸軍も海軍も、開戦時期は十一月から十二月初めまでに限定されると考えていた。特に陸軍は、氷雪で北方のソ連軍が身動きできない季節のあいだに、南方の作戦を片づけてしまいたいと考えていたのである。

日露戦争いらい陸軍は、中国東北の満州やその入口の旅順がある遼東半島を、ソ連軍が奪還にくることを恐れていた。ここはもともと清国のものではあったが、日本が日露戦争で勝ったときに、それまでロシアが持っていた鉄道や鉱山についての権利を受け継いでいたからである。

ロシア海軍は日露戦争で壊滅してしまっていたので、昭和になってからの日本海軍は、北方からの脅威を感じなくなっていた。海軍の建設には時間がかかるので、このような状況が急に変わることはない。しかし、陸軍は海軍に比べて再建が容易であり、昭和十四年のノモンハン国境紛争事件などで日本陸軍は、ソ連陸軍が手強いことを思い知らされていた。

この紛争は、表向きは満州国とモンゴル人民共和国の国境紛争であったが、実際は両国の背後についている日本とソ連の争いであった。満州国は、清国朝廷滅亡後の中国の内乱につけこみ、日本陸軍が独立を推進し、日本の勢力圏のようになっていた。

ソ連軍の戦車の性能と数は、日本軍を遥かに上回っていた。そうはいっても、当時のソ連の工業能力は、西欧の水準に及ばなかったので問題も抱えていた。ノモンハン事件初期のソ連戦車は、ガソリンエンジンなので、日本の歩兵が火炎瓶を投げつけると、簡単に燃えあがった。そのうえ改造されたディーゼルエンジンの戦車も、ソフトレバーが引っかかるなどして入りにくいので、レバーを叩いて入れるために、ハンマーを車内に用意しておかなければならなかったという。

そのようなソ連軍だが、日本陸軍にとっては脅威を感じる相手である。日本国民も、資源の供給源になりつつある満州を、みすみすソ連に渡してしまうことは望んではいなかったので、陸軍が満州に、対ソ連警戒の兵力を置くことに反対はしていない。そのために南方作戦をするのであれば、ソ連軍の行動が制約される冬季に始めたいと主張する陸軍の主張は、尤《もっと》もなものとして受け入れられた。

日本海軍も、陸軍の協力なしに米英両国を相手に戦争をすることはできない。たとえば海軍にとって重要な作戦拠点になるグアム島を占領するための上陸作戦が開戦二日目にはじまったが、これは、陸軍歩兵連隊を中核にした約五〇〇〇名の南海支隊の上陸によって行なわれた。海軍陸戦隊は、協力部隊の役割を与えられた四〇〇〇名ほどが参加したにすぎない。ただこれら部隊の輸送船の援護をしたり、敵基地の航空攻撃をしたりするのは、海軍の役目であった。

太平洋やインド洋での作戦は、海軍が主役であったが、陸軍に相談することなく進めることは難しかった。そこで海軍は、陸軍が強く主張する冬季の作戦に賛成していた。

しかし、南方も北太平洋方面も、一月は季節風が吹き荒れて天気が悪い。そうなる前の十二月上旬か十一月末なら、なんとか航空作戦や上陸作戦ができると、大本営は判断した。強風や波浪は、飛行機や艦船の運用をさまたげる。その運用可能の限界が、十二月初旬の気象状態であった。

海軍が最初に、十月末を開戦準備完了の時期と定めたのは、ハワイなど作戦地への移動期間を計算に入れたうえで、十一月末までの、気象その他の条件が許す時期に開戦することを考慮したためである。

開戦は、アメリカの準備がととのわないうちであることが望ましい。また開戦時期が遅くなると、国内の石油備蓄が底をつき、軍艦や航空機が動けなくなるという事情も、早い時期の開戦を決断するのに影響していた。

外交筋からは、三月まで日米交渉を継続するという案も示されたが、その時期に開戦するのでは、軍事的に見て、あらゆる意味で手遅れかつ不利だというのが軍側の考えで、その判断が、日本としての方針を決めた。

しかし、最終的には準備の遅れのために、開戦時期が十二月初旬にずれこんだ。そこで、南方の上陸作戦には月明かりが利用でき、ハワイでは米軍が油断をしているであろう現地時間の日曜日の朝が、開戦日時に選ばれたのである。

陸軍が上陸作戦を行なうマレー半島は、時差のためその時間は真夜中であり、敵に発見されたり空襲されたりする危険性が小さい。いっぽうで月明かりがある時間なので、上陸作業が行ないやすい。日曜の朝のハワイでは、兵士たちがのんびりしているだろう。

陸海軍は、大本営でお互いに調整しながら、開戦日時の詰めをしたのである。気象、天象の状況は、この日時決定のうえで、キーポイントになっていた。

気象情報を集める努力

九月八日の杉山参謀総長の報告に、「台湾からインドシナ半島にいたる方面より北で吹き荒れる季節風は、十二月から一月いっぱいにかけてもっとも強く、船団の航行に支障がある」というくだりがある。軍の運用に関係があるこのような一般の情報を「兵要地誌」という。ある国の政治社会、地形自然の状況や気候風土、軍備概要などが含まれる。

陸軍では、外国の兵要地誌をまとめるのは参謀本部の責任であった。平時から公然、非公然の手段を使って情報を集めている。特に気象情報までは、手がまわりかねる状態であった。

では海軍はというと、これもやはり十分ではない。海軍は艦船で世界各地を移動する。そのため潮の流れや水深、霧の発生や強風の情報など、海についての航海に最小限必要な情報には関心があった。各国海軍の軍備についてはもちろんである。

しかし、相手海軍の能力戦法を研究することはあっても、日本海軍が、地形や気候風土その他自然現象を、どのように利用して作戦をするかを、研究することは少なかった。強いていえば、闇を利用して敵に接近し、夜戦を行なうため、月明と砲撃の関係を研究したり、兵員たちに夜戦に慣れる訓練をさせ、夜間視力を良くするために、肝油を与えたことがそれに関係があるかもしれない。

そのような海軍は、兵要地誌の情報収集には関心が薄かった。作戦の観点から見て、南方各地の気象がどのような特徴を持っているかという情報を、平時から集めたということは聞かない。航海に必要な情報さえあれば、それは作戦にも利用できるという考えがその根底にあったからだろう。

ところが、航海に必要な情報を集めて海図を作ったり、風や霧などの気象情報を集めたりするのは、水路部という海軍省外局のような組織が行なっていた。水路部の機能は現在、海上保安庁の水路部に受け継がれている。

いきおい作戦関係者がそのような情報に強い関心をもつことはなく、気象関係はどちらかというと、軽視される存在になっていた。

そのようなわけで、開戦前の海軍の気象関係組織は、陸軍よりも小さく、作戦に関係がある気象情報の収集も十分ではなかった。いっぽうの陸軍は、中国大陸でのそれまでの戦闘をつうじて、航空機が気象の影響を受けやすいことを知り、気象の観測や予報をする組織をつくりあげていた。

陸戦は個人が気象の影響を肌で感じやすい。水浸しの塹壕の中で生活しなければならなかったり、対地支援の飛行機操縦者が、山脈の上で乱気流にもまれたりする。中国大陸での戦闘経験が、陸軍では教訓になり、気象組織の発展をうながしていたのである。

陸軍参謀総長・杉山元大将

また、陸軍は海軍よりも組織が大きいので、人員に余裕がある。そのため日華事変の進行とともに、満州、中国の北・中・南に、それぞれ千名近い員数の気象部隊を、展開させることができた。それが南方作戦を開始するときに役にたったのである。

昭和十五年も後半になると、第二次大戦戦場のドイツ軍が、あるいは全ヨーロッパを征服するのではないかと思われる情勢になった。日本陸軍はこれを見て、インドから東南アジアにわたる地域で、英、仏、蘭の各国植民地軍が本国の支援を失い、日本がこの方面を武力で制圧することができるかもしれないと考えはじめた。

そこで参謀本部は、この地域の情報収集を担当する南方班を新設して、兵要地誌の作成に乗りだした。それまではタイの駐在武官が公的に集めた情報に頼ったり、その地方の新聞、雑誌の情報を分析するていどであったが、本格的な情報活動をはじめたのである。

参謀本部は、南方各地に情報員を潜入させて直接情報を集めたほか、商社員や現地の親善団体にも接触して、情報を聞き出した。当時の日本には、現地の地図さえ、地図帳に毛が生えたていどのものしかなかった。そのため、気象情報よりも地形地図の情報を集めることが優先されたが、それでも同時に、必要最小限の気象情報を得たのである。

昭和十五年末、台湾に陸軍の研究部が新設され、南方作戦の研究が行なわれた。台湾が南方の作戦予定地に近かったためと、気候も熱帯に似通っていたからである。このとき研究部の気象担当者に、数少ない陸軍気象将校の一人である久徳通夫少佐（陸士三十七期、歩兵出身）が選ばれた。

久徳は情報員が集めた情報を整理しただけでなく、自分も身分を隠して、タイや、現在はインドネシア領になっているチモール島などを歩いた。

こうして集められた気象関係の情報の中身は、どの季節に雲や雨が多いかというような、一般的、概括的なものが多かったが、海南島やハノイの過去の観測データや、その他の地域の天気図もいくらかあったと聞く。

当時、陸軍の気象将校は航空部隊に所属しており、必要性の面からも、久徳が集めた情報は、航空運用の観点からのものが多かった。彼は開戦時に南方軍司令部で、気象関係部隊の作戦の計画や調整にあたった。

昭和十六年十二月八日の開戦時、南方軍司令部はサイゴンにあり、気象実務部隊である第二十五野戦気象隊本部の、日下部航技少佐以下約四〇名が八月から勤務していた。中国南部、ハノイ、インドシナ半島南部に展開している気象部隊からの情報や、海軍の気象観測船からの情報などを受信して、南方作戦準備のための天気図の作成と予報活動をしていたのである。

杉山参謀総長の前記天皇への報告のうち、気象に関する部分の状況判断は、このような気象関係者の情報を収集する努力から生まれた。

また、海軍も南遣艦隊司令部をサイゴンに置いたので、その特別気象班として飯田久世少佐以下約二〇名が、天気図の作成や予報に活躍していた。しかし、陸軍のように早い時期から、作戦予定地の気象情報を集める努力はしていない。開戦が切迫してから、主として航空部隊の展開予定地のサイゴン付近と、そこからシンガポールにつうじる海域上空の航空気象の情報を集めて分析していた。この情報は十二月初旬に、南部インドシナに進出してきた海軍機の、96陸攻や1式陸攻、零戦などの行動を助けることになる。

海軍は、陸地に関する気象情報は陸軍に責任があると考えて、上陸作戦予定地の気象には関心をもたず、シンガポールの英艦隊との戦闘に関係がある海洋方面の気象情報を重視していた。そこで海軍独自のものとして、この海域に、水路部と農林省所属の特別気象観測船四隻を配置して、海上気象の観測に努めていた。ただ観測情報は、陸軍と相互にやりとりをしており、南遣艦隊小沢治三郎司令長官の陸海軍の区別にとらわれない態度が影響して、この方面の陸海軍の協調は、気象部隊にかぎらず良かった。

軍と気象台の関係

日本の気象観測は、明治八年（一八七五年）にはじまったことになっている。イギリス人のジョイネルが、東京気象台で観測した。明治十六年には、各地の観測データを電報で集めて天気図を描き、天気予報をはじめた。

だが、海軍ではもっと早くから、観測と天気予報が行なわれていた。明治六年に東京芝に気象台を置いて気象観測をはじめ、さらに明治十一年には、天候電気日報掛を、東京、長崎、函館、新潟などに置いて、天気予報をはじめている。

海軍でこの業務を所管していたのは、前述したように当時の水路局である。しかし明治二十一年に、海軍の水路業務のうち、気象観測を内務省の中央気象台（元東京気象台）に移し、天象（天文）観測は文部省に移した。中央気象台は明治二十八年に文部省所管になったので、天象気象はすべて文部省所管になった。ただ地方の測候所は、組織上は文部省ではなく、道府県など地方機関に所属していた。

海軍は気象業務に手を着けたことでは早かったが、業務を他に譲ってから、その方面への関心が低くなったことはまぬがれない。

陸軍は大東亜戦争の開始時には、比較的整備された気象組織をもっていたが、気象観測の歴史は海軍よりも浅い。気象観測に関心が向けられるようになったのは、明治四十年に気球隊が発足したときからである。まもなく飛行機を持つようになってから、いっそう関心が深まった。さらに第一次大戦で航空機が活躍し、毒ガスが風に乗せられて敵陣に送られるようになると、将来戦で気象観測と天気予報が重要になることを認識した。

気象を重視した陸軍は、文部省中央気象台に委託して、そこで一部の将校に気象の研究をはじめさせた。だがそれだけではなく、毎年一〇名ていどの将校を、気象台で一年間教育してもらう話がまとまり、昭和七年（一九三二年）から教育がはじめられた。

このようにして育てられた気象将校が今度は教官になり、昭和十年に陸軍砲工学校に気象専門の課程を設けて、部内で気象将校養成をはじめている。気象台の和達清夫、荒川秀俊など、後に気象庁長官、気象研究所長などとして有名になった人たちも、ここの講師として教育に関わっている。

海軍で気象講習がはじめられたのは昭和十一年で、陸軍よりも遅かった。海軍将校は海軍兵学校で基礎的な気象教育を受けているので、それで十分だという考えがあったからだ。まず技手の教育からはじまり、やがて航海関係の下士官、兵の一部にたいして海軍航海学校で気象教育がはじめられた。だが、気象技術専門の士官の養成教育開始は、対米開戦後の昭和十八年になってからであった。

このとき、大学出などから採用した海軍予備学生第三期生一〇三名が、最初の気象学生になったが、海軍兵学校出の正規士官を、気象士官にはしなかった。それまでは、中央気象台の気象技術官養成所（現気象大学校）を出て文官の技師として水路部などで勤務していた人たちに、士官の軍服を着せて、あるいは技師身分のままで、戦地の気象関係勤務をさせていたのである。

海軍のこのような行き方は、明治時代に気象業務を中央気象台に渡していらいの伝統だといえよう。それでも古くからのつきあいなので、海軍と中央気象台の仲は比較的しっくりいっていた。

しかし、陸軍ではそうはいかない面があった。陸軍は日華事変の関係から、昭和十三年に中央機関の陸軍気象部を編成していて、自前で大々的に戦地の気象観測や予報をするようになっていた。ところが陸軍は、それまでの中央気象台の業務の方式とは違う方式をとりだしたので、気象台業務との摺《す》り合わせがうまくいかずに摩擦が生じた。

作戦に関係する業務は、拙速を貴ぶ。また、状況によっては応変の処理を行なう。そのような陸軍の体質が、学者であり官僚である中央気象台側の人たちには、馴染《なじ》めなかったのである。

発足したばかりの時期には、陸軍気象部は、中央気象台から観測情報を得ていた。それも地方の測候所が、気象電報として送ってくる情報の中から、中央気象台が選択したものだけを受け取るようになっていた。それでは陸軍が受け取るのが時間的に遅くなるし、必要な情報が与えられないこともある。

改善の交渉をしても、いっこうにらちがあかないのに業を煮やした陸軍側は、電報を処理する通信機関から、中央気象台に断わりなく、並列で気象電報を受け取ることができるようにした。だが、これが岡田武松台長を怒らせた。軍事上の必要があるときは、大佐の陸軍気象部長が、一時的に気象台側に命令をすることができるようになっていたので、陸軍側はやむをえずそうしたのであろう。しかし、硬骨漢の岡田台長は、そのような体制そのものに不満があったので、陸軍と中央気象台の仲は、決定的に悪化した。

このことが陸軍と文部省のあいだの問題になったが、中央気象台長が藤原咲平に替わってからは波風は収まった。岡田も予報課長であった日露戦争のときは、積極的に軍の作戦に協力している。年をとったのと、陸軍の横柄さに反感をもったために、陸軍との仲が悪くなったのであろう。

対米英開戦時の台長は藤原であり、このときは両者の関係は修復されていたので、気象台側は軍に密着して支援した。中央気象台長は陸軍気象部の嘱託にも指定されていたので、藤原は開戦時には大本営で勤務し、気象判断をしている。また、台北の気象台長であった西村伝三は、開戦時にサイゴンの第二十五野戦気象隊本部に詰めており、フィリピン方面の気象予報を担当した。

開戦時の予報業務

開戦時のマレー方面の気象予報担当者は、第二十五野戦気象隊本部の日下部航技少佐であった。

「マレー東岸の気象は、十二月六、七日は、六メートルの北東風が予想されるものの、雲は少なく飛行日和だと申せます。八日になりますと、北東風が一〇メートルに強まり、雲が多く、午後には驟雨《しゅうう》があることが予想されます。なお、台風の来襲の恐れはございません」

日下部少佐の報告を受けた南方軍総参謀副長の、青木重誠少将が質問する。

「一〇メートルの風で波の高さはどのくらいになるか」

「三メートルぐらいであります。海面に白波が現われます」

「そうすると、海岸に大波が打ち寄せることになるね」

「はい、北東の風ですので、マレー半島東岸に打ち寄せる波は巻波になり、しぶきをたてるものと判断いたします。この波の中では、輸送船から上陸用舟艇に移乗するのが困難であろうと考えます」

「困難であっても、不可能ではないな」

「はい」

もともと気象技師であった日下部は、「不可能を可能にする」軍人的な精神は強くない。それでも「不可能ではないな」と念を押されると、「はい」と答えるほかはなかった。

南方軍はこの予報により、「開戦日を七日にすることが望ましいが、八日でもマレー上陸作戦は可能」と、東京の大本営に報告した。そのころは月例も二十日前後で、深夜以降は月明を利用できる。

東京では藤原中央気象台長が、気象判断について大本営の参謀たちを助け、開戦当日は詰めきりで、南方の天気図をかかえて参謀たちに説明していた。

前述のように、フィリピン方面の気象予報はサイゴンの西村博士が行なっていたが、やはりサイゴンの南遣艦隊特別気象班も、海軍航空のための予報を出していた。陸海軍機により台湾からフィリピンを空襲する作戦が開戦初頭に計画されていたが、フィリピン上空の気象判断には、台湾からの偵察機による情報や台湾の陸軍気象部観測所の気象データが役に立った。

このような南方作戦とは別に、海軍の空母機動部隊によるハワイ作戦が、ほぼ同時期に計画されていた。しかし、ハワイとその近海の気象を予報するのは難しかった。情報員や近海に配置されている潜水艦が送ってくる情報は、米軍や米保安機関の目を盗んで送ってくるので、データが十分ではない。

ホノルルの日本総領事館には、予備役海軍少尉の吉川猛夫（変名森村正）がいて、情報を送ってきていた。艦船情報だけではなく、気象情報も含まれている。彼の戦後の手記によると、苦労して接触した土地の男性から、「パールハーバーがあるオアフ島の山脈北側は常に雲がかかり、南側の軍港付近はいつも天気が良い」という情報を得て小躍りしたという。

吉川は、相手に自分が気象に関心があることを気づかれないように話をもっていくのに、苦労をしたそうである。当時は日本人スパイの潜入に、ＦＢＩが神経をとがらせていたので、うっかりした話し方やそぶりは禁物であった。もっとも、ＦＢＩが吉川を泳がせていたという説もある。

開戦直前に横浜からホノルルを往復した日本郵船の商船大洋丸に、優秀な海軍士官三人が私服姿で乗っていた。途中の海路の状況やホノルルの偵察をするためである。彼らも十分ではないが、攻撃に必要な気象海象の情報を得ている。

このような努力の積み重ねが、パールハーバー攻撃の成功につながったのである。

気象の利用に失敗した陸軍航空

昭和十六年（一九四一年）十二月七日朝、マレー半島上陸部隊は、インドシナ半島とマレー半島の中間を西に向かっていた。二七隻の輸送船団は、イギリス海空軍の襲撃を警戒しながら航行していた。

船団の前方と周囲に、重巡洋艦五隻と、ほかに軽巡洋艦、駆逐艦など一六隻が張り付いて護衛にあたっているのが見える。上空には雲が垂れこめ、時おりスコールがやってくる。その悪天候にもかかわらず、雲の切れ目から、掩護の陸軍97式戦闘機の姿が見え隠れするのが頼もしい。

やがて上空掩護を次直機に引き継いで基地に向かっていた97式戦闘機の飛行第一戦隊窪谷敏郎中尉は、とつぜん雲の中から現われたイギリスのものらしい飛行艇を発見した。高度は一〇〇〇メートルだ。輸送船団の位置とはやや距離があったが、追い払わないと、船団を発見される恐れがある。

窪谷はやや興奮しながら、慎重に飛行機に接近していった。距離が三〇〇メートルぐらいになったとき、自機の周囲を火線が走った。相手が射撃をしてきたのだ。

逃げるわけにはいかない。ただちに反撃した窪谷は、飛行艇を撃墜し、大東亜戦争の初弾を放ったという記録を歴史に残した。

この前日、船団は豪州軍の偵察機ハドソンに発見されていた。そのとき護衛責任者の南遣艦隊司令長官小沢治三郎中将は、撃墜命令をだしていたが、サイゴンを発進した海軍零式戦闘機二機は、この偵察機を発見できなかった。

開戦時、マレー作戦のためにインドシナ南部に展開していた日本軍機は、陸軍が、戦闘機、爆撃機、偵察機を合わせて約四五〇機、海軍の基地航空部隊が、約一五〇機であった。南遣艦隊はこのほかに、巡洋艦や水上機母艦に搭載されている水上機を、偵察や潜水艦の警戒攻撃などに使用していた。これら航空機のほとんどは、日本内地や中国から、十二月五日までにインドシナ南部に移動集中してきていた。

海軍機は、十一月二十一日という比較的早い時期に開戦準備の発令を受けて行動を開始したので、余裕をもって移動することができた。また航空機の航続距離が長く、洋上の長距離飛行に慣れているので、台湾から直路インドシナ半島に飛行することもでき、移動は比較的問題もなく行なわれた。しかし陸軍機は、第三飛行集団司令官の移動命令が十二月二日に出されたため、開戦までの時間の余裕がなく混乱した。

陸軍機は海軍機のように航続距離が長くなく、しかも操縦者も洋上の長距離飛行や雲中飛行に慣れていない。高高度で自機の位置を推測しながら、ときには計器飛行で雲中を突破するという技術はなかった。そのため悪天候で出発を見合わせているうちに時間切れになり、やむなく雲が多い中を目的地に向けて、移動を開始しなければならなくなった。

陸軍機はほとんどが、広東から海南島の三亜を経由して南西方向に飛び、インドシナ南部のプノンペンに向かった。ところがインドシナ東岸、今のベトナムを南北に走る安南山脈を越えるのに苦労した。

山脈は二五〇〇メートル以上の標高があり、中国ゴビ砂漠付近の高気圧から吹き出す北東の季節風が山脈にあたって上昇気流になるので、山脈の東側に厚く高い雲を発生させる。そのため視界が悪くなるだけではなく、雲の中は乱気流になる。

十一月の下旬は高気圧の勢力が弱く、飛行は比較的楽であったが、第三飛行集団司令官が移動命令を出した十二月初めの気象状態は最悪であった。前述のようにこの時期には、第二十五野戦気象隊や野戦気象第一大隊がインドシナ南部で気象業務を行なっており、そのうえ航空機出発側の海南島方面にも、南支気象隊が派遣されていて、完全とはいかないまでも、航空気象の情報を提供できる態勢にあった。

十月に現地に進出していた野戦気象第一大隊の武藤武治少佐は、十一月に安南山脈に偵察に赴き、航空機が山脈を越えるときの危険性を指摘していたが、操縦者たちにそれが徹底されていたとはいえない。

気象部隊側では、このように一応の受け入れ準備をしていたが、上級の航空集団司令部は、各飛行戦隊の移動について、秘密保全のためもあり、気象部隊に情報を通知してはいなかった。そのせいもあって彼らは、戦隊に密着した気象支援をすることができなかった。

97式戦闘機——徹底した軽量化による抜群の空戦性能をほこった

もともと飛行戦隊の側も、気象支援にあまり期待していなかったというべきだろう。今のようにレーダーや通信が発達していれば、飛行経路の雲や雨の状況を、飛行中の航空機に通報できる。しかし出発地で、あるていどの気象予報を聞いた後は、操縦者自身で判断して飛ぶのが、当時の飛行機であった。

この場合、山脈を越えずに海岸沿いに南を回れば、いくらかは安全であった。しかし、飛行航続距離の問題があるので、操縦者としては、最短距離を通りたい。天候回復を待つ時間の余裕がない各戦隊は、やむなく雲中飛行をして山脈を越えようとしたため、機位を失ったり、山脈に激突したりして、多くの損害を出した。

「天候は見てのとおり悪い。しかし、本日中にプノンペンに到着しないと、以後の作戦に支障がでる。各中隊ごと直ちに発進せよ。戦隊長は二中隊長機に同乗する」

飛行第二十七戦隊長桜井肇中佐は、ついに待ちきれず、移動開始の命令を発した。先攻の三機につづいて三三機の99式襲撃機が、エンジンを始動し、海南島三亜飛行場をつぎつぎに飛びたつ。

「戦隊長、スコールに突っ込みます」

「よし」と、桜井は周囲の部下たちの機位を確認した。悪天候で危険なので疎開隊形をとっており、視界内には二、三機しかない。やがてスコールの中を出たが、前方に雲の壁が立ちはだかっている。

地上戦闘への協力を任務にしている複座の襲撃機は、低空飛行は得意だが、海上での行動は苦手だ。灰色の雲と強風に泡立っている海面が同じように見え、境界がはっきりしない。

編隊は高度を五〇〇メートルに下げたが、雲底はますます低くなってきた。

「佐藤大尉、引っ返そう。合図をしろ」

命令で佐藤中隊長は、反転の合図を送るが、視界不良のため、なかなか意思が通じない。部下を放っておいて引き返すこともできないので、やむをえずそのまま飛んでいた。

「危ない！」

左に急旋回する。目の前に断崖がそびえていた。

編隊はバラバラになり、指揮官の位置が確認できないままに各操縦者の判断で飛行をつづけた。第三中隊の一部は、雲の切れ間を縫うようにして降下し、半島東側のナトラン飛行場に不時着した。海岸に不時着したもの、断崖を避けることができなかったものなど、さまざまである。

こうして飛行第二十七戦隊は、所属三六機中の三機が不時着し、八機が行方不明になった。行方不明機は、後に発見されたものもあるが、桜井戦隊長は殉職していた。

97式重爆撃機の飛行第十二戦隊も、同じように悪天候に悩まされ、広東から海南島のあいだで犠牲を出しただけでなく、安南山脈を越えるときにも墜落機を出した。二八機のうちの九機が失われている。

比較的航法能力や通信能力があるはずの重爆撃機でさえこのありさまで、陸軍航空は、気象情報の重要性と、航法の重要性を思い知らされたのである。

その中で例外は、後にこの方面の戦闘で武勲を示し、戦史後、軍神に祭りあげられた加藤建夫少佐の、飛行第六十四戦隊であった。

彼は1式戦闘機三五機を率いて先頭に立ち、広東から高度四〇〇〇メートル以上を保って雲上飛行をした。こうして出発六時間後に、インドシナ半島西側フコク島のゾンド飛行場に、全機無事に到着している。

加藤は移動前の待機中に許可を得て、ゾンドの調査飛行をしていた。慎重に準備し、積極的に行動する彼の性格が現われた移動、集中であった。

第三飛行集団は、このような気象事故のほかに、飛行場内での事故などのため十数機の損害を出しており、戦う前に戦力の一割近くを失ったのである。当時、航空事故は珍しくなかったが、作戦前の移動のためにこれだけの損害を出したのは異例であった。

初期航空自衛隊機の事故

この事故で思い出されるのは、航空自衛隊発足初期の同じような事故である。

九年間の空軍ブランク時代を経て、昭和二十九年に発足した航空自衛隊は、二年半後によ うやく、よちよち歩きができるようになった。ブランク期間に航空機は、ジェット機に進歩 していたので、往年の空のエースたちも、米空軍の若い教官たちに、教えを請わなければな らなかった。

若いといっても彼らは、朝鮮戦争でジェット機の腕を磨いてきていたので、日本の陸海軍の操縦者であった航空自衛官たちは、頭を下げざるをえなかった。

操縦だけのことなら仕方がない。しかし、彼らに教わるということは、英語の説明を理解しなければならないということであり、まず英語の勉強から始めなければならなかった。幕末に勝海舟たちオランダ語ができるものが、長崎でオランダ人から、軍艦の運用を学んだ歴史に通じるものがある。

英語は、操縦技量が一人前になってもついてまわる。世界の空を制覇していたアメリカは、航空機の管制を英語でするように統一した。

国際条約により飛行業務については、日本人同士であっても、英語を使うことになっている。近くの空を飛んでいる外国人が理解できない言葉を使うと、航空事故につながる可能性があるからだ。飛行機は滑走を始めてから上空にあがり、ふたたび着陸してエンジンを止めるまで英語で、管制機関と交信する。上空では英語で、管制上の情報や指示のやりとりをしたり、気象情報を通報したりする。

　戦争中、あまり英語の勉強をしなかった元陸海軍の操縦者たちは、飛行機に触ることができるようになる前に、英語の勉強で悩まなければならなかった。それも受験英語ではない会話の勉強なので、学校で英語を学んだものにとっても苦労が多かった。

「クリアード、トゥー、タクシー」

「何だって、タクシーを二台呼べというのかな」

「チガイマース、滑走ヨロシ、デース」

「やれやれ、先が思いやられる」

　それでも、何とか数十名のジェット戦闘機パイロットが養成され、昭和三十一年十月一日に浜松基地で、初の実戦部隊として第二航空団が編成された。機種は朝鮮戦争で活躍したF86Fであった。

　この航空団は準備ができしだい、北海道千歳に移る予定になっていたが、昭和三十二年五月二十日、いよいよその日がやってきた。

「本日は梅雨の先触れの前線が太平洋上にあり、浜松から北は雲が多い天気になっております。しかし、千歳上空の雲はやや高く、飛行場周辺の天気も悪くはありません」

　浜松基地の気象予報官が、移動機に搭乗する予定のパイロットたちに気象の説明をしている。移動指揮官のパイロットが、予報官に質問する。

「太平洋側と日本海側の気象状況を比べるとどうか」

「温暖前線のために太平洋側は雲が広がり、日本海沿岸は、現在は雲が薄くなっておりますが、午後から寒冷前線が接近してきて雲が厚くなります。中部山岳地帯から奥羽脊梁山脈付近は、比較的雲が少なくなっております」

「わかった。それでは浜松からいったん、小牧ビーコンに向かって飛び、日本海側に出て小松、新潟、三沢を経て千歳に入ることにしよう」

一三時過ぎ、F86F一〇機とT33ジェット練習機二機が二機ずつの編隊を組んで、基地隊員の見送りを受けながら離陸した。移動の第一陣である。

しかし、まもなく管制塔に、「オキシジョン、フェイリュア、リクエスト、ランディング」の電波がとびこんできた。酸素吸入器の具合が悪く、二機が引き返してきたのである。

一五時ごろ今度は、新潟の米軍基地から連絡が入った。やはり二機が酸素吸入器の不具合で、新潟に非常着陸したというのである。酸素吸入器が機体の温度調節の不良か何かで、高空の低温のために故障したらしい。ジェット機の飛行高度の一万メートル付近の気温は、零下五〇度にも下がり、空気は地上の四分の一しかない。ヒーターや酸素装置の故障は、命とりになる。

青空を見上げると、飛行機雲が筋を引いていることがある。飛行機に圧縮され、かき乱された空気が、水分を水蒸気に変えたり、ジェット噴流の中の水分が冷やされて水蒸気になったりする。もう少し高度が低いと、雲の中の水分が飛行機の翼に、氷になって張りつくアイシング現象が起こることもある。そうすると翼が浮力を失って、墜落事故が起こる。機体への落雷もある。

F86F セイバー——航空自衛隊初期のころの主力ジェット戦闘機

空中では、地上では思いもよらない現象が起こり、航空事故が起こる。現在の航空機が比較的安全な乗り物になっているのは、過去の事故を教訓にして、改良を積み重ねてきたからだ。まだ使い慣れていない当時のジェット機は、よく事故を起こした。

さて千歳に向かった残りの航空機は、一五時ごろ飛行場近くにやってきた。遠回りをしたので、燃料の残りは少ない。そのうえ運が悪いことに、千歳飛行場付近に雨が降りはじめた。最初に飛びたった編隊は、問題なく着陸できたが、三番手から雨に引っかかり、レーダーの誘導で着陸しなければならなくなった。

まだこのような着陸になれていない彼らは、最初の着陸に失敗し、やり直しをする。ほかにも着陸機があるので、しばらく上空で待機していなければならない。そうしているうちに、燃料がどんどん少なくなってきた。

いよいよレーダー誘導で、飛行場への降下進入をはじめたとき、編隊二機のうちの一機は燃料がなくなり、パイロットはパラシュートで脱出した、もう一機は降下中に機位を失って、地上に激突した。

パイロットも誘導する側も、まだ慣れていないこの時期には、ほかにも同じような事故があった。訓練が十分ではない時期の悪天候は、パイロットの大敵である。南方作戦開始時に飛行集団が、南方展開中に起こした雲の中での事故と、この自衛隊の事故は、気象という共通の原因を持っていた。

陸軍の気象組織の充実

陸軍航空部隊は、日華事変最初の満州への移動時にも、気象が原因の大きな事故を起こしていた。

昭和十二年（一九三七年）七月七日に北京郊外の盧溝橋で、日中両軍の衝突が起きた。この事変が拡大する傾向をみせたので、日本内地から地上部隊が投入されることになったが、それに先だって陸軍の臨時航空兵団の動員が発令された。

当時の陸軍航空兵力の三分の一以上、各機種合わせて最終的に約一五〇機が、内地や朝鮮から動員されて、南満州に展開することになった。当時、満州にいた関東軍飛行部隊だけでは、兵力不足だと考えられたからである。

飛行機だけが移動しても作戦はできないので、整備補給、飛行場警備などの関係部隊も移動したが、電波誘導や気象通報をし、飛行機を安全に目的地に導く組織は、まだできていなかった。

七月十八日、九州の大刀洗飛行場に、一〇〇機ほどの陸軍機が集結し、朝鮮半島を経て南満州に移動しようとしていた。現地到着は二十日の予定である。

しかし、肝心の最高指揮官、航空兵団長の徳川好敏中将たち司令部の主要メンバーは、十八日に立川を輸送機で出発する予定のところ、雨のために動きがとれなくなっていた。ようやく二十日に出発したものの、途中でふたたび雨のため前進できなくなり、一行は伊勢神宮に近い明野の飛行場に不時着した。その後、鉄道で前進し、二十一日に大刀洗から京城《ソウル》に着いて、大刀洗で待機中の飛行部隊に、前進について指令することになっていた。

そのころ京城に先行していた兵団の参謀大賀時雄大尉は、現地測候所技師などで編成した飛行場の臨時気象班から、朝鮮の気象について天候報告を受けた。それによると、朝鮮南部の、千数百メートルの山が連なる小白山脈あたりが、雲に閉ざされているという。日本列島から入ってくる梅雨の名残りの湿気と、南海上に発生した熱帯性低気圧の影響であろう。

大賀が、参謀長今沢捨次郎大佐に状況を報告する。

「この天候では、秋風嶺を越えるのが難しいと思われます」

「うん、小型機にとって、あそこは難所だな。もう一日、待ってみるか」

当時の戦場は、どこかのんびりしたところがある。飛行機の到着が一日遅れたからといって、文句が出る雰囲気にはない。それに飛行機の性能そのものが低いので、雲の中を山越えするのは難しい。

特に複葉の95式戦闘機や、同じように複葉で航続距離が六三〇キロメートルしかない93式軽爆撃機にとって、この飛行は容易ではない。大刀洗から京城間は六〇〇キロメートルなので、軽爆は大邱で、燃料補給が必要になる。

大賀は大刀洗で待機している飛行部隊に、「出発待て」の暗号電報を発進した。ところが、慣れていない大刀洗の暗号班が、これを逆に、「出発せよ」と解読してしまった。そのため飛行部隊は、全機が大刀洗を出発して京城や平壌に向かった。

「ただいま大刀洗から、全機出発の報告を受けました」

「なにっ、出発待てと命じたはずではないか」

「ハイッ、ただいま調べておりますが、こちらからの発信にまちがいはありません」

京城の兵団司令部はやきもきしたが、飛行中の航空機に連絡する手段はない。

小白山脈の秋風嶺あたりの天候は、予想どおり悪かった。雲中で迷って燃料切れになる95式戦闘機が続出した。重爆撃機さえ二機が不時着している。

悪いことは重なるもので、その後、京城の河原に設けられていた飛行場に着陸した飛行機が、出水のために水に浸かり、ここでまた足止めされた。その他の事故も合わせて南満州に移動するまでに、二〇余機が失われている。出動全兵力の一割以上であり、兵団長以下幹部の責任はまぬがれられなかった。

だがこれによって、航空路の飛行支援体制や気象支援体制ができあがっていないなど、制度組織上の問題点も浮き彫りにされた。そのような問題点を少しでも補おうと、飛行部隊移動前に、大刀洗や京城、平壌に臨時気象班を置いたりしたが、飛行部隊の側がこれを利用する方法を知らない。また、空中で連絡できる通信機が飛行機に装備されていないのと、その運用体制が確立されていないのとで、気象班をつくっても活動が限定される。

しかしこのときの不手際が、その後の陸軍気象部隊の新設につながり、航法機材を備えた航測隊も新設され、航空路の通信を担当する航空通信連隊の編成も行なわれることになった。このような新設組織が飛行部隊と一体になって行動できるようにするためには、そのような目的で行なわれる演習の繰り返しが必要だ。だが、日華事変処理で忙しい陸軍は、そのような余裕を持たなかった。結局、実戦の中で慣れていくほかはなかった。南方作戦開始時の飛行戦隊の移動時に、このような過去の教訓が生かされずに事故機が続出した理由を、そこに求めることもできる。

海軍も日華事変初期に、陸軍と同数ていど以上の航空機を参加させた。しかし、陸軍機と比べて海軍機は航続距離が長く、搭乗員も航法に慣れていたためであろうか、気象が原因とみられる事故は、あまり起こっていない。海軍機の昭和十二年の年間航空事故一五〇件のうち、天候に起因するものは二件だけである。

アメリカの大型爆撃機のように、高高度で遠くに進出し、雲上から都市爆撃をするのであれば、推測航法・計器飛行も発達するであろうが、日本の陸軍航空は、地上部隊の近距離支援が中心であった。そのため、機上通信機はあまり使われず、気象への関心は、遠距離飛行のためのものではなく、近距離の戦場上空のものに限定されがちであった。

ハワイ攻略

昭和十六年十一月十六日の朝、灰色の北の海に二七隻の艦隊が勢揃いした。

「いよいよだ。アメリカの戦艦をひっくり返すのが俺の夢だ」

「だが、まだ先が長いぞ。それに、まだ途中で中止になる可能性もあるというではないか」

「アメリカが日本に譲るとは考えられない。奴らの高い鼻をへし折るまで、引き下がることはしないぞ」

航空母艦「赤城」の搭乗員室では、興奮した飛行兵曹たちが、ワイワイやっていた。六隻の空母機動部隊でハワイのパールハーバーを空襲する計画が明らかにされ、いよいよ北海道択捉島《エトロフ》のヒトカップ湾を出航するのだから、かれらが熱に浮かされるのはとうぜんだ。

しかし空襲は、日米交渉が決着したときは中止される。南雲忠一司令長官以下の艦隊上層部はそのことが気がかりであったが、搭乗員たちは、作戦のことだけを考えていればよい。風は弱く、ところどころに白波が見えるていどで、航行に支障がある天気ではないが、空は相変わらず灰色の雲に覆われていた。

「両舷前進微速」

艦長のいつもと変わらぬ号令で、航空母艦の巨体が動きだした。「赤城」の艦橋には、南雲司令長官をはじめ草鹿龍之介参謀長たち参謀も詰めていて、任務の重さをかみしめている。北海道最涯ての、雪に覆われた島の山並みが、無言で艦隊を見送っていた。

機動部隊の参謀も、連合艦隊司令部の参謀も、航海前から一番気にしていたのは、洋上の燃料補給であった。機動部隊は補給がうまくいかなかったときに備えて、あらゆるスペースを燃料庫にしていた。スペースが少ない巡洋艦の甲板は、ドラム缶の列であった。

艦体が小さいため、それすらも難しい駆逐艦は、最悪の場合は、途中から引き返すことが検討されていた。六〇〇トンの燃料タンクを満杯にしても、戦闘行動をしながら、途中の補給なしにハワイまで往復することは難しいからである。

しかし幸いに、この年の北太平洋は比較的穏やかであった。おかげで出航二日後に、最初の洋上補給をすることができた。

七隻の給油艦は、補給を受ける軍艦の後方または側方を相手と同じ速度で航行する。最初にロープを相手に投げ渡し、つぎにそれに給油ホースを結びつけて渡す。その後、ホースを通して燃料を送る。少ない場合は一時間に一〇〇トンしか送れないので、時間がかかる。そのため、比較的海が穏やかな日が二日はないと、機動部隊の行動にさしつかえる虞《おそ》れがあった。

比較的穏やかとはいっても、冬の北の海である。大型艦でも一〇度以上もローリングし、傾斜する。それでも十二月二日まで毎日のように給油できたのは、天が助けてくれたとしか言いようがなかった。

いっぽう、瀬戸内海、「長門」艦上の連合艦隊司令部では、参謀たちが天気図をにらみながら、機動部隊の航行海域の天気が、燃料補給ができる状態かどうかを心配していた。

「本日の天気状態を報告いたします」と、連合艦隊司令部の気象長島村信政中佐が、参謀たちの前に天気図を広げた。「うむ」と、参謀長宇垣纏中将が応じた。神戸の海洋気象台が、商船や漁船から海上の気象データを得てまとめているので、このような太平洋の天気図をつくることができる。

「北太平洋は現在、広く高気圧に覆われております。日付変更線の東に弱い前線があり、艦隊がここに入りますと、雲量が増え、視界もやや悪くなり、風は十数メートルと強くなるものと思われます」

「ハワイあたりはどうかな」

「はい、ハワイはその北側にあります高気圧の端にかかっておりますので、北の風が強く、ホノルル上空は晴れ、オアフ島北側は中高度の雲で覆われていて、この状態は、向こう一週間はつづくものと思われます」

「そうか、ありがたい。機動部隊は日付変更線を越えたはずだが、好天の中で燃料補給をすませたであろう。天の助けだ」

宇垣参謀長の言葉どおり、機動部隊は最後の準備をととのえて、北側からハワイに迫りつつあった。

雲が多く、その下に隠されている機動部隊は、米哨戒機に発見される可能性は小さい。そ

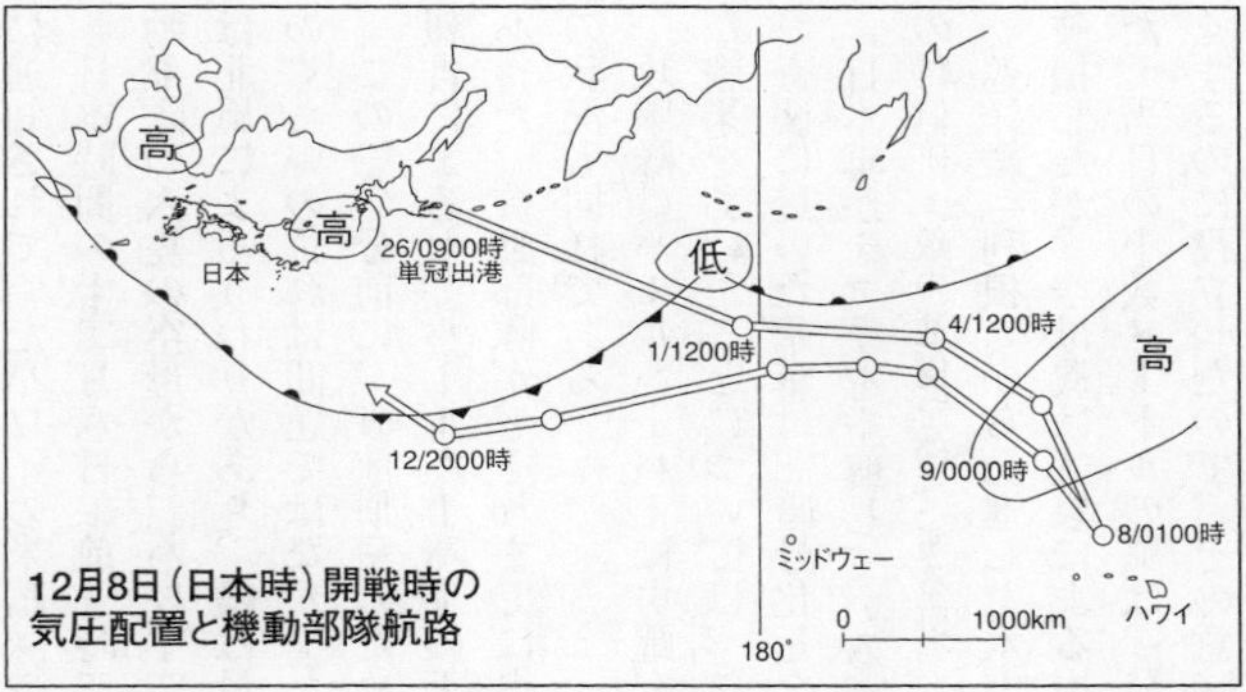

12月8日（日本時）開戦時の
気圧配置と機動部隊航路

れでも艦隊の乗組員は、いよいよ米機の行動圏内に入ったことを自覚し、気を引き締めていた。海上や空中の見張りに精をだし、ホノルルの放送に耳を傾けていたのだ。

すでに日本時間の十二月二日に、「十二月八日開戦」の、連合艦隊命令が発せられていた。機動部隊は無線の発信は封止していたが、受信はしているので、海軍の東京通信所から送られてくる連合艦隊の命令やハワイの状況についての情報を知ることができた。

冬季は、電離層という短波長の電波を反射する空中の層が比較的低くなり、安定しているので、通信電波は遠くまで届く。しかし、連合艦隊旗艦の「長門」艦上の通信機は出力が弱いのと、「長門」からの発信であることを隠す必要もあって、地上の通信所から電波を出していた。

耳をそばだてて、この電波を傍受していた機動部隊の無線通信員は、まちがいなく開戦命令を受領していた。ホノルルの日本人スパイから東京に送られ、各地に通知されていたハワイの米艦隊や気象についての情報も、確実に受信していた。

日本時間の十二月八日午前一時三〇分、ハワイの現地時間で七日、日曜日の朝六時に、機動部隊の六隻の空母から、ハワイ空襲の第一次攻撃部隊一八〇機が発進した。このころ海上は北風によるうねりがあり、艦は最大で一五度も傾斜したが、熟練した操縦者にとって、このぐらいの荒れは問題ではなかった。

この三〇分前に、直前偵察のための零式水上偵察機二機が巡洋艦から発進していた。その報告によると、パールハーバーの天候は、上空の雲量十分の七、雲底は一七〇〇メートルであった。機動部隊が、それまでに得た情報で予測していたものとほとんど変わらない。獲物の状況も同様である。

攻撃隊はパールハーバーに勇躍突進した「われ奇襲に成功せり」と発信したことや、大きな戦果をあげたことについては、ここで細部を述べる必要はあるまい。

奇襲に驚いた米軍は、暗号化しない平文で、報告、連絡の通信を行なった。「日本軍がオアフを空襲している」「これは演習ではない」という通信を傍受していた東京の特信班（敵の通信を傍受する班）は、踊りあがって喜んだのである。

巡洋艦「利根」から発進した水上偵察機は、帰着時に、うねりの中を艦上に揚収していて破損したが、空母機は気象による損害を受けることはほとんどなく、無事に空母に収容された。当日の十数メートルの風は、発着艦のときに航空機に当たる見かけ上の空気速度を大きくするのに役立ったので、その意味ではむしろ好ましいものであった。

しかし、駆逐艦など小型艦にとっては、航海を難しくするものになった。小型艦はうねりで大型艦の二倍も傾斜する。駆逐艦乗りは慣れているとはいっても、楽ではなかった。しかし、米機に空襲されるよりはましであったろう。機動部隊は攻撃終了後、雲に隠れるようにして、戦場を離脱していった。

うねりやしぶきは、潜水艦にとっても好ましくなかった。偵察のためや、特殊潜航艇を発進させるためにハワイ周辺に散開していた日本の潜水艦は、荒天で視界を制限されていた。浮上しているときに、海面から潜望鏡の上端まで一〇メートルぐらいしかない潜水艦は、海面すぐ下を潜航しているときの水上視界は、最大で六、七キロメートルしかない。それがしぶきなどで、さらに制限されるのだから、大きな問題である。

ただ湾内攻撃を行なう特殊潜航艇（二人乗り小型潜水艇）は、機動部隊の攻撃前夜に、パールハーバーの港外風下側の一〇から二〇キロ付近で発進しているので、気象の影響は小さかった。それにもかかわらず、大きな成功を収められなかったのは、性能と用法に問題があったからであろう。

その後、ハワイでの任務を終えて帰途についた二隻の潜水艦が、帰りがけの駄賃式に、ハワイの西にあるジョンストン島を砲撃することを命じられて、そこに向かった。一隻は無事に任務を果たしたが、他の一隻は島そのものを発見するのに失敗した。これは潜水艦の視界が狭いことも、影響している。

当時の航海は、天測で位置を測定するのが普通であった。揺れる小型艦の上で天測をして、位置を標定するのは容易ではない。そのため数キロメートルの位置の誤差がでるのは、珍しいことではなかった。そのうえ視界が狭いのだから、小さな島を発見できないことはありうる。うねりやしぶきは、そのような面でも作戦に影響していた。

マレー進攻

昭和十六年十二月七日、マレー上陸の陸軍輸送船団は、最後の一日の行程にあった。この日の正午ごろ、陸軍飛行第一戦隊の窪谷中尉が、イギリスの飛行艇を撃墜したことはすでに述べた。しかしこれで、イギリス軍が日本の船団の存在と戦意を知ったものと思われる。そのため爆撃機や雷撃機で攻撃してくることが、予想される状況になった。船団の上空掩護は、いっそう厳しくしなければならない。

船団付近の雲は相変わらず低く、強風とスコールが見られる。しかし、悪天候であっても敵が攻撃してくることが予想されるので、上空掩護を止めるわけにはいかない。掩護担当の陸軍第七飛行団司令部は、日中の掩護は97式戦闘機で行ない、夕刻の最後の掩護は、1式戦闘機で飛行第六十四戦隊が担当することに決めた。1式戦闘機は航続距離が長いので、マレー半島の近くまで掩護できるからである。戦隊長が、移動中の雲上飛行で損失機を出さなかった航法上手の、加藤建夫少佐であることも、つごうがよかった。

「戦隊長、天候はこれからますます悪化する傾向をみせております。特に当ゾンド飛行場は、これからスコールが激しくなり、離着陸が困難な状態になると思われます」

飛行場の気象将校が加藤に、天気の見通しについて説明した。

「マレー半島の上陸地点の天候はどうかな」

「低気圧が抜けて、回復に向かっております」

加藤はじっと考えていたが、出発することを決心した。マレー半島の天候が良くなれば、船団が英軍機の攻撃を受ける可能性が強くなる。目的地を目の前にしている船団を、なんとしてでも守りきらなければならない。そのために、戦闘機が何機か失われてもやむをえない。ついに彼は、命令を下した。

「わかった。第二中隊はただちに掩護に向かえ。一五時三〇分離陸予定の最後の掩護は、戦隊長が指揮する。出動操縦者は別に、戦隊長が指名する」

暴風雨と暗闇とで帰路が難しくなると予想される最後の掩護は、加藤自身が責任を負うことにした。

そうしているうちにも雲は低くなり、偵察機から、現場の雲底が五〇メートルという情報が入った。飛行場はスコールのために水浸しになり、離陸をするのも難しい。それでも加藤はひるまず、技量が優れた五名を連れて飛びあがっていった。

船団上空に到着してみると、雲はやや高くなり、雲底が二〇〇メートルぐらいになっていた。これなら英軍機がやってきて攻撃することができる。「きてよかった」というのが実感であった。加藤は一八時少し前まで援護して、薄暗くなってきたので、もう大丈夫という見極めをつけた。「健闘を祈る」と、最後の旋回をして翼を振った加藤は、帰途についた。

さて帰りが問題である。加藤自身はよいが、これから計器飛行で雲中を突破しなければならない部下たちが、はたして無事に飛行場にたどり着けるのか。

計器飛行能力が低い部下たちに彼は、一応の教育訓練をして計器飛行を覚えさせていた。連れてきたのは、その中でも技量が優れていると、彼が認めたものばかりである。

しかし、雲中を突破して雲の上に出てみると、ついてきているはずの部下の、飛行機の姿がなかった。悪い予感が胸をよぎる。やむをえずまっすぐインドシナ半島の飛行場の方向に飛んでから、ようやく雲の切れ目を見つけて降下し、飛行場の灯火を発見して着陸した。

加藤は着陸すると、そのまま部下たちを待っていた。だが、彼らはなかなか帰ってこない。ようやく二機だけが帰ってきたが、残りの三機は墜落していた。計器飛行中によくある現象で、雲の中で自分の機の姿勢がわからなくなり、錯覚を起こして地上に激突したものと推定された。

加藤は燃料から見て、彼らの機が帰ってくる見込みがないとわかってからも、どこからか不時着の連絡があるのではないかと、いつまでも飛行場で待っていた。

このような掩護戦闘機の事故を知らないままにその夜、船団は五方面に分かれて上陸作戦を行なった。そのうち英領マレーのコタバルに上陸する佗美《たくみ》少将の支隊は、深夜二三時三〇分（日本時間一時三五分）、上陸用舟艇で海岸に向かった。強風の中、波高は二メートル余で、舟艇に移乗するのも難しかったが、兵士の士気も波のように高く、海岸に突進した。

海岸から英軍が射撃をしてくる。上陸地で波にさらわれる兵士もいた。やがて月齢一九の月明かりを頼りに、英軍機が攻撃に加わった。この攻撃で三隻の輸送船は、それぞれ損傷し、一隻は大火災を起こして失われた。それでも那須義雄大佐が指揮する歩兵第五十六連隊は、総員の六割、一八〇〇名が上陸した。

上陸部隊はその後、日中の戦闘でコタバル飛行場を占領した。これが、ここよりも北のタイ領に上陸した本隊が、その後の進撃をするのを容易にした。

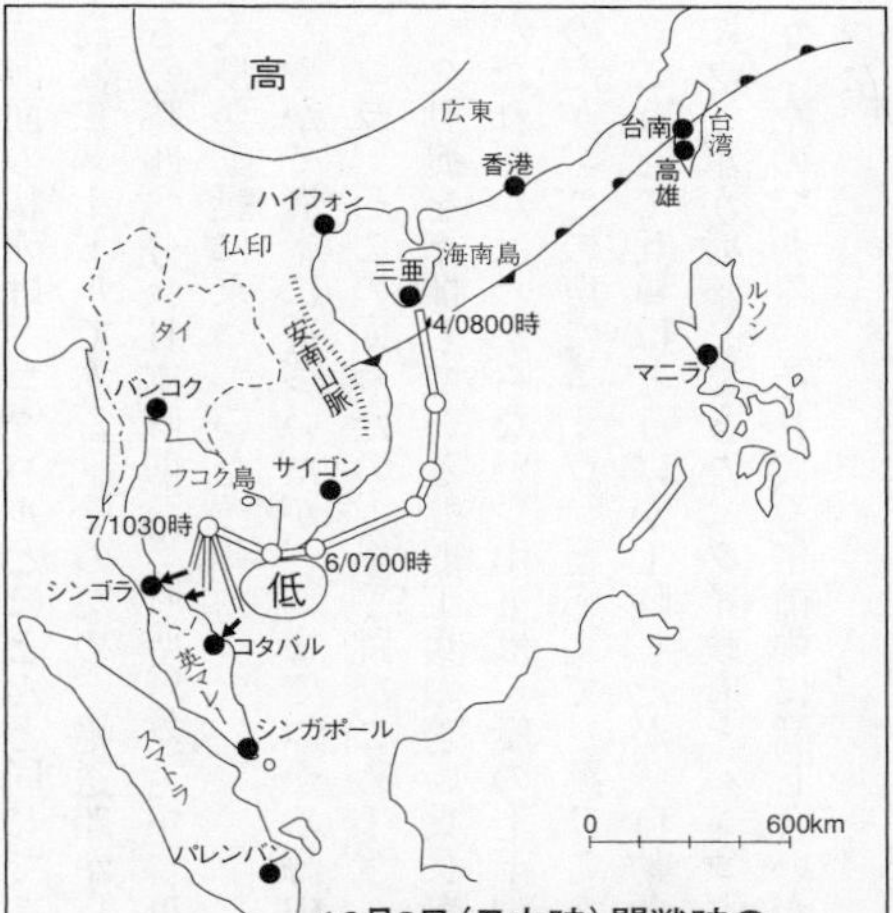

12月8日（日本時）開戦時の
低気圧の位置と上陸船団の航路

タイ領シンゴラに上陸した第二十五軍主力は、第五師団であった。タイ軍は抵抗しないであろうという情報があったので、上陸軍はすぐに陣容をととのえて、英領マレーとの国境を突破し、シンガポールに向けて南下する予定であった。シンゴラ飛行場を占領するのが最初の任務である。

上陸部隊は一一隻の輸送船に分乗し、沖合で上陸用舟艇に乗り移って海岸に向かう。第二十五軍司令官の山下奉文《ともゆき》中将も、司令部の参謀たちとともに、ここに上陸することになっている。

海面の状態は、コタバルとほとんど同じであった。東の風が強く、風速は七メートルで波高は二メートルである。そのため、輸送船から舟艇に移乗するのに時間がかかった。それでも一時四〇分（日本時間二三時四〇分）に、舟艇群が海岸に向かって発進した。山下中将も大型発動艇に乗っていた。

やがて海岸に近づいたが、胸までつかる海中に跳びこまなければ上陸できない。

「コラ、そこの太ったの、早く跳びこめ！」

発動艇を指揮している船舶工兵の若い兵長が、いきなりどなった。暗闇の中なので、相手がだれだかはわからない。山下は、艇の上下動に合わせて跳びこむタイミングを計っていたのだが、この声に「オウ」と応えて、跳びこんだ。

こうして兵員はどうにか上陸したが、自動車や戦車は波のために揚陸できない。そのうちにタイ軍が射撃してきた。タイ政府とバンコクの日本大使との話し合いが、まだついていなかったのである。それでも午前中に話し合いがつき、タイ軍との戦闘は、小競り合いで終わった。

インドシナ南部に展開していた海軍航空隊は、シンゴラ上陸部隊の上空掩護とシンガポール各飛行場の空襲を行なった。シンゴラの上空には英軍機の飛来がなく、問題はなかったが、シンガポール空襲部隊は悪天候にさまたげられた。

シンガポール方面は悪天候が予測されていたので、七日のうちに天候偵察機が派遣されていた。偵察の結果はやはり思わしくない。それでもマレー半島の海岸に向けて上陸用舟艇が発進したころ、サイゴンから96式陸上攻撃機六六機が、シンガポール空襲のために発進した。

この攻撃機の途中の安全を図るために、シンガポールとインドシナ半島の中間海上で、気象観測船富山丸が観測に当たっていた。シンガポールの監視にあたっている伊一二二潜水艦からも、現地の航空気象の情報が、攻撃機に送られることになっていた。

97式重爆。日中戦争から太平洋戦争中期まで主力重爆として活躍

このように用意はととのっていたが、シンガポール第一次攻撃隊三四機は、厚い雲に行く手をさえぎられて、全機が途中から引き返した。第二次攻撃隊は、先行した第一次攻撃隊の気象通報も参考にしながら、雲の間を縫うようにして飛び、シンガポール上空に達した。攻撃隊は、まだ警戒していない明け方の飛行場や港湾を目標にして爆弾を投下し、任務を果たした。

暗夜の雲中雲上飛行であったが、さすがに長距離飛行が得意な、海軍航空隊の腕をみせたのである。観測船など、支援態勢を十分にしていたおかげでもあった。

陸軍の97式重爆撃機部隊は、残念ながら、日中に基地を襲った豪雨の影響を受けた。プノンペンに展開していた第七飛行団主力の重爆撃機部隊は、滑走路の地盤が雨で緩んでいるので、夜間に、重い爆撃機を発進させると、多くの事故機を出すものと判断した。そのため出撃を翌日に延期した。しかし、サイゴンに海軍と同居していた飛行第十八戦隊だけは、海軍機と同じように夜間に離陸して、マレー北部の英飛行場を爆撃した。

陸軍第三飛行団の軽爆撃機や、第十飛行団飛行第六十二戦隊の重爆撃機は、地上部隊が上陸した海岸近くの飛行場を、明け方に爆撃している。プノンペンを除き陸軍機が発進した飛行場は、開戦当初の航空攻撃に支障がある天候状態にはなかった。

ただ当時は、低気圧がこの地方を抜けたばかりで、舗装されていない滑走路に雨がたまり、各所に地盤の緩みがあった。そのため大型機の発着は容易ではなかった。爆弾を搭載して発進する大型機が一機でも地上で事故を起こすと、後の飛行機が発進できなくなる。

大型機か小型機か、爆装しているかいないか、操縦者の能力など、飛行機への雨の影響は事情によって違う。指揮官は、悪条件の中でも、任務のために飛行できるように、計画的に部下の訓練をしておくことが要求されるのは言うまでもない。

陸軍の航空機発進飛行場には、第二十五野戦気象隊や野戦気象第一大隊所属の測候班が置かれていた。彼らは飛行部隊の気象支援をしたが、上陸部隊が南下して行くのにつれて、発進飛行場も南下するので、支援の責任範囲が増えてくる。

開戦後、シンガポール、ジャワなど英蘭領の天気放送は中断されたので、その方面の作戦に必要な気象観測は、自分たち陸軍測候班がしなければならず、責任範囲は広がるいっぽうであった。そのためマレー半島上陸部隊にも、気象第一大隊一中隊のメンバーが入っていた。

本部はシンゴラ飛行場に置き、それぞれの上陸地付近で、上陸各班が気象観測をして無線連絡し、その結果を本部でまとめたのである。

組織はそのために膨らみ、野戦気象隊も気象大隊に併合された。タイに展開していた第二中隊もやがて南下し、気象第一大隊が、マレー半島からジャワ方面にわたる広い範囲の気象業務を行なうようになった。

第一線の気象部隊

マレー半島を南下してシンガポールに迫る第二十五軍は、昭和十七年一月末、最後の攻撃をはじめようとしていた。陸軍航空部隊はマレー半島南端の、クルアン、カハンなどの飛行場を前進基地として利用し、敵要塞やシンガポール港湾施設・燃料タンクなどの爆撃をはじめていた。そのため各基地に、第一気象大隊の測候班や高層班が張りつけになっていた。

いっぽうでその先のジャワ方面攻略の準備が進められていたので、大隊はそのための気象予報もしなければならなかった。そのころ気象第一大隊の第一中隊は、前線航空基地や第一線砲兵のための気象業務をしていた。ジャワ方面の担当は、主として後方基地の気象業務をしている第二中隊である。

砲兵と気象は無関係のように思えるが、そうではない。砲弾は空中で風に流されるので、上層風の観測をすることが、飛行機と同じように必要だ。観測は風船をあげて行なう。

そのようなことから第一中隊の高層班は、シンガポールを眼下に見下ろすことができる地点まで進出して、観測をつづけていた。そのために敵の砲撃も受けている。

二月十五日にシンガポール守将の英軍パーシバル中将は、ついに手を挙げた。市民まで砲撃にさらされ、水源地を日本軍に押さえられたうえに、食糧も底をつきかけていたので、やむをえなかった。

日本軍はさらに隣の、スマトラ、ジャワ方面に上陸しなければならず、シンガポール陥落前から、そのための準備行動が本格的になった。

「さあ、待っていたぞ。早く来い」

シンガポールの英軍が白旗を掲げたことを知ったとき、気象第一大隊長武藤少佐は部下を連れて山下、パーシバル両将軍の会談の場所に赴き会談の状況を見まもっていた。シンガポール市街への日本軍の入城は翌十六日だという。

翌日の入城の列中に、武藤少佐たち五名が乗るトラックもあった。まもなく彼らは歩兵部隊と分かれて、まっすぐにシンガポールの気象局に向かった。

「われわれがこの建物を接収する。まず気象局に案内せよ」

武藤少佐の命令に素直に応じた英軍将校は、すぐに一行を気象局に案内した。

建物は野戦病院として使われていて、負傷兵であふれている。少佐の後ろに従っている下士官たちは、相手が負傷兵であっても、いつ襲ってくるかもしれないと緊張して、銃を構えていた。

「あった、あった。これだ。これでマレーだけでなく、各地の気象がわかる」

武藤は目指す資料を発見して、敵兵の中にいるのも忘れ笑顔をみせた。

昭和17年2月14日、パレンバンに降下すべく出撃する落下傘部隊

パレンバンの気象は予報どおり

パーシバル降伏の前日、ジャワ作戦に大きな意味をもつ蘭領スマトラ島の、パレンバン精油所地域の攻略がはじまっていた。飛行場と精油所を押さえるのが目的である。作戦は飛行場の爆撃と、陸軍落下傘部隊による降下占領が大きな柱になっている。作戦は順調に進み、二日後には精油所が、ほとんど無傷で日本軍の手に落ちた。

この作戦の裏に、気象部隊の活動が隠されていた。

「これは極秘だが、近くスマトラのパレンバンに、落下傘部隊が降下することになっている。石油精製施設を無傷で手に入れるためだ」

第三飛行集団の参謀が、武藤少佐に話している。

「それで、われわれに気象支援をせよと言うのです

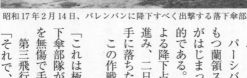

な」

「そのとおり。集団はパレンバンの飛行場を戦闘機、爆撃機により事前に制圧したのち、挺身飛行戦隊の輸送機で、挺身団を飛行場付近に降下させる計画だ。そのために現地の気象を予報してもらいたい」

「わかりました。敵地であり、資料がまったくないのが問題ですが、何とか工夫してみましょう」

武藤少佐が考えたのは、まずジャワ方面に偵察に行っている飛行機から、気象情報を集めることであった。集めた資料を統計的に処理していくと、気象の一日の変化傾向がわかってくる。作業の主務者は、日下部航技少佐である。日下部少佐はこの作業の結果、つぎのような答えをだした。

「パレンバン付近は、季節風の影響はほとんどなく、この季節には毎日、同じような変化をする。朝は霧が発生するが、日が昇るにつれて、層雲から層積雲へと雲の高さを増し、日中はこれが、積雲から積乱雲に変化する。そのため午後はスコールになる。パレンバンの東を流れるムシ河上空は、下層雲があるときでも、ところどころ間隙があるので、午前中にムシ河沿いに、パレンバンに飛べばよい」

いよいよ挺身団降下部隊が出動する二月十四日になった。マレー半島南部のカハン飛行場に移動し待機していた降下部隊は、六時三〇分に、ムシ河河口に向けて行動を開始した。予報にしたがって、ムシ河を遡るつもりである。直接掩護の戦闘機や資材投下の重爆撃機も加わって一〇〇機もの編隊になっている。その三分の一は、降下部隊を乗せた挺身団の輸送機である。

三時間後に輸送機は、パレンバン上空に到着し、大空に白い花を散らせた。気象は予報どおりであった。降下をさまたげる強い風もなかった。降下部隊は、翌十五日のうちに飛行場を占領し、まもなく精油所も制圧したのである。

手違いが運を呼んだ

「明日八日、わが国はついに、宿敵米英にたいして立ちあがることになった。わが航空隊は、〇二三〇《まるふたさんまる》出撃し、ルソン島ニコルス飛行場を攻撃する予定である。各員の勇戦奮闘を望む」

台湾の高雄海軍航空基地では、集まった兵員を前にして、航空隊司令が熱っぽく訓示をした。

台湾所在の陸海軍航空部隊は、相互に連携して、フィリピンのルソン島にある米軍航空基地を空襲することになっていた。七日の午後、陸軍の第五飛行集団と海軍の第十一航空艦隊の指揮官、参謀が、高雄基地で作戦の打ち合わせをした。

台湾からルソン島方面の天気図は、東西に等圧線が走り、典型的な冬の気圧配置を示している。開戦時は曇天にはなっても、雨が降ることはあるまい。それを前提にして陸海軍それそれが、協定にしたがって行動することになった。

海軍の1式陸上攻撃機と96式陸上攻撃機は、陸軍の97式重爆撃機I型よりも、航続距離が一〇〇〇キロメートルほど長い。掩護の戦闘機も同じような条件にある。そこでクラークなどマニラ周辺の飛行場攻撃は海軍が担当し、ルソン島北部の飛行場攻撃は陸軍が担当することになっていた。

しかし、出撃時間が近づいた深夜、台湾南部に霧が発生しはじめた。海軍は出撃予定の五時間前に、陸上攻撃機二機を天候偵察機として、ルソン島西側の海岸沿いに南下させていた。その報告によると、ルソン島方面の天候は攻撃にさしつかえがない。しかし、肝心の発進基地が霧に閉ざされているので、どうにもならない。搭乗員たちは、いらいらしながら待ちつづけて朝になった。

下手をすると、米軍機に攻撃の先を越されないとも限らない。天候偵察機は、米軍のレーダーで発見されていた。米軍がレーダーを持っていることは日本側にはわかっていなかったので、いつものように偵察機を派遣したのであった。しかし日本海軍にも、なぜかはわからないが偵察機が米軍に探知され、そのために、米軍機の活動が活発になったことが米軍無線通信の状態からわかっていた。

海軍がもたついていたこのようなときに、霧の影響を受けなかった陸軍飛行部隊は、潮州と佳冬飛行場の97式重爆撃機部隊と99式双発軽爆撃機部隊の四十数機を、予定どおり攻撃に発進させた。空襲は成功し、陸軍機はルソン島北部の飛行場を爆撃して帰還した。だが、米軍航空部隊の主力はマニラに近いところに集中しているので、北部ルソンを攻撃しても航空撃滅戦にはならない。どうしても海軍機が出撃する必要があった。

一〇時三〇分まで待って、ようやく霧が晴れた。一九七機の海軍機は、勇んで出撃した。クラーク飛行場に到着して下を見ると、多くの航空機が無防備の状態で並んでいる。たちまち爆炎があがり、多くの米軍機が地上で破壊された。

米軍は運が悪かった。日本の陸軍機の飛来時に警報が出され、上空警戒に多数の飛行機が飛びあがった。しかし陸軍機は、クラーク方面にやってはこなかった。警戒機が、そのまま飛び続けて燃料がなくなったために降りてきたところに、海軍機が殺到したのであった。それにちょうど、昼食の時間であったことが、地上のパイロットに反撃の余裕を与えなかった。空中や他の飛行場での被害を加えて、米軍は、日本海軍機のこの最初の空襲だけで約四〇機を失って、戦力が半減した。

戦いには誤算がつきものである。日本海軍機の発進が霧のために遅れたことが、結果として日本側によい結果をもたらした。天が日本に味方をしたのである。

しかし、陸軍と海軍の連絡が不十分であったために、危うく同士討ちをするところでもあった。海軍機が霧のために発進が遅くなっていることを陸軍側は知らなかったし、陸軍機が予定どおりに発進したことを、海軍側は知らなかった。

そのため、陸軍機が北部ルソンの爆撃から帰ってきたとき、海軍はこれを米軍機と勘違いして、待機中の戦闘機に迎撃を命じる騒動になった。海軍の監視哨と哨戒機が発見して、基地に報告してきたからである。それでもどうにか、同士討ちの悲劇は避けられた。

フィリピンの米軍機は、その後の日本軍の攻撃でほとんどが地上で壊滅した。おかげでマレー上陸作戦から二週間後に行なわれたフィリピン上陸作戦は、米航空部隊による輸送船の攻撃を心配することなく、行なうことができたのである。

第二章——日本敗戦への道

命取りになった南半球進出

日本は政府も国民も、昭和十七年の元旦を晴れやかな気持ちで迎えた。米英軍を相手にする太平洋各方面の戦いが、順調に進行していたからである。衆議院は年末に、「大東亜戦争目的貫徹決議」をして皇軍（日本軍）の活躍に感謝し、官民一体になって戦争目的を遂行すると誓った。戦争目的の貫徹とは大東亜共栄圏の確立であり、アジアへの白人の介入を許さず、日本を中核とするアジア人の、アジア経済圏をつくりあげるというものである。

これは日本にとって都合がよい目的であるのは確かであり、アジア各地域の人々がすべて、この目的に共鳴していたわけではない。しかし、アジア各地域で主人顔をして振舞っている白人たちに、反感を持つ現地の人々がいたことは事実である。だが、多くの日本人は、細かい事情を知らない。単純に日本軍の勝利を喜び、白人に対するそれまでの劣等感を吹き飛ばして、「鬼畜米英撃滅」を声高に叫んでいた。

もっとも正月とはいっても、日華事変開始いらいの経済統制や戦争遂行のための国民精神総動員運動の中で、人々の生活は質素になっていた。そのため晴れ着や、華やかな正月飾りは影を潜めていた。

南方の戦地でも日本兵たちが正月を祝っていたが、その余裕がない第一線も多かった。特にフィリピンでは第十四軍が、マニラ市に入る寸前であった。マレー半島でも第二十五軍が戦闘の真っ盛りであり、半島中央をシンガポール目指して南下していた。

そのような中で日本の連合艦隊は、南半球にあるニューブリテン島の、ラバウル攻略の準備を進めていた。

日本海軍の伝統的な対米作戦の思想は、米国植民地のグアム、フィリピンに向かって太平洋を西進してくる米艦隊を待ち受け、警戒部隊などにより敵をその西進途上でまず攻撃して、少しずつその兵力を削減する。最後は日本の南方洋上で主力艦による決戦を挑み、敵を撃滅するというものであった。これを漸減邀撃作戦と表現する場合もある。

大東亜戦争前には潜水艦や航空機の能力が向上していたので、これらによる攻撃と敵の漸減が期待されていた。そのため南方の島々が、これら兵器の出撃基地に予定されるようになったのである。ラバウルだけでなく、その東方三〇〇〇キロメートルにあるフィジー諸島やサモア諸島までが、連合艦隊の基地候補地として奪取目標にされていた。ここは米国と豪州の中間にあたるので、米豪間の航路遮断作戦の適地でもあった。

ラバウルの攻略は、トラック島に司令部を置いていた第四艦隊を中核とする、南洋部隊の指揮官井上成美中将の担当であった。また上陸作戦の中核になるのは、陸軍の南海支隊であった。支隊は歩兵一個連隊に砲兵一個大隊その他の支隊部隊からなり、堀井富太郎陸軍少将が指揮していた。

海軍は本来の第四艦隊だけでなく、空母四隻、戦艦二隻を含む機動艦隊も上陸支援任務に

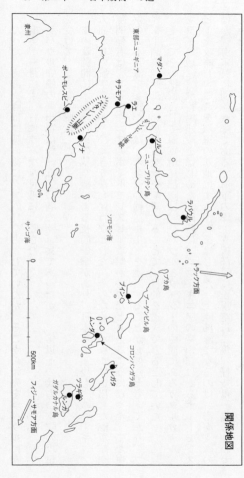

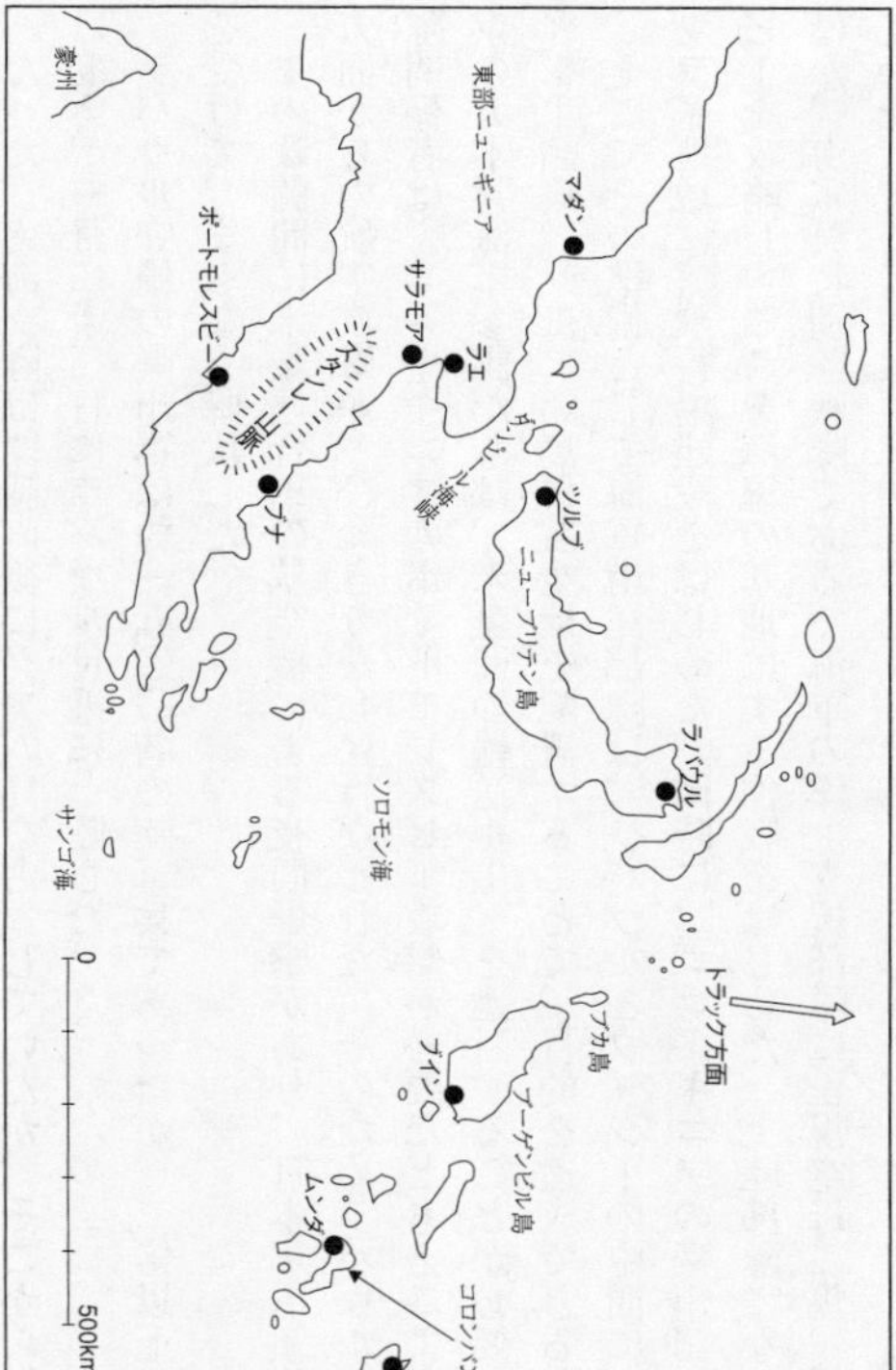

関係地図

あたった。南海支隊は開戦直後にグアム島を占領していたが、そこから矛先をラバウルに向け変え、一月二十三日にラバウル付近に上陸した。ラバウル守備の豪州軍は約一五〇〇名の陸軍兵であったが、二倍以上の兵力の支隊の攻撃を受けて、まもなく降伏した。

この戦闘間に米豪連合軍の航空機による夜間爆撃があり、日本軍占領後も、ニューギニア方面からの航空攻撃が、ひっきりなしに行なわれた。そのためラバウルに進出した海軍航空隊関係者は、ニューギニアのポートモレスビー攻撃が必要だと考えるようになった。また東京の大本営海軍参謀たちは、米豪間の輸送ルートを遮断することが必要だと考えており、フィジー諸島、サモア諸島に航空機を配置することで、目的を達成できるとしていた。

そこでその準備として海軍南洋部隊は、ラバウルとフィジーの中間にあるガダルカナル、ツラギ地域に、飛行場建設をはじめた。同時に、ニューギニアの豪州側にあるポートモレスビーを攻略し、ここを海軍の基地にする作戦をはじめた。上陸部隊になるのは、南海支隊のほか、海軍呉特別陸戦隊である。海軍の洋上支援部隊に正規空母二隻、軽空母一隻も加わっていた。

五月七日から八日にかけて、上陸部隊を支援援護するこれら空母と米空母の間にサンゴ海海戦が行なわれ、日米とも空母一隻沈没、一隻損傷の引き分け戦になった。日本軍はおかげで、ポートモレスビー上陸作戦を諦めざるをえなくなったのである。

このような中で日本海軍は、六月五日のミッドウェー海戦に敗北して空母四隻を失った。

この時点で海軍は、ポートモレスビーの上陸作戦どころではなくなった。さらに米軍は八月七日、ガダルカナル、ツラギ両島への上陸作戦をして反撃に出てきたので、日本海軍は攻勢作戦で完全につまずき、守りの体勢をとるようになった。

以後、海軍の主戦場はラバウルを中心にした南太平洋に移り、陸軍もこれにつれ、ラバウルに新編成された第十七軍司令部を中心にして、ガダルカナルや東部ニューギニアで苦しい戦いを強いられることになった。

ニューギニアのスコール

このような戦場は、赤道から南緯十度までの範囲にある。熱帯というと、一年中蒸し暑いというのが一般の人がもつイメージであろうが、熱帯にもいくらかの季節の変化がある。ラバウル付近で、十一月から三月までの、日本と季節が逆で、南半球の夏真っ盛りの時期は、北西風が卓越し、雨量がやや多い。五月から九月は風向が逆になる。年平均雨量は二二五〇ミリで、鹿児島と同じようなものであって、東京の一四〇〇ミリよりは多い。

ただ日中の暑さのために上昇気流が発生するので、しとしと雨よりは、一過性のスコールが雨量を多くしていることが多い。そのため道路を隔ててこちら側はカンカン照りなのに、向こう側は豪雨という現象は珍しくない。天気の周期性もあって、二、三日雲が多い日がつづくと、つぎに快晴が二、三日つづくという変わり方をする。

このような土地で戦った日本の歩兵は、スコールでできた泥道に悩まされた。海路ポートモレスビーを攻略することを諦めた日本軍は、ニューギニアのラバウル側海岸のブナに上陸した。そこから前方の標高二〇〇〇メートルのオーエン・スタンレー山脈を越え、二〇〇キロメートルの山道を歩いて、ポートモレスビーに進撃しようとしたのである。空母を失った海軍が、この代案に固執している。

ブナ海岸に近いあたりには、何とかトラックが通れる道があったが、雨が降るとここも泥道になった。兵士は結局、五〇キロの重さの兵器、食料、弾薬を背負い、登山のボッカそのものの姿で、二本足だけを頼りに前進したのである。登山であれば、敵の攻撃を受けることはないが、見通しの悪いジャングルの小道で突然の射撃を受けることがあった。空からの攻撃もある。

谷川はスコールで急に増水し、せっかく工兵がかけた仮橋が、流されてしまうこともあった。それでも、水流がない山腹では、スコールが兵ののどの渇きを癒《いや》すことがあった。携行天幕を広げて雨水を集め、飯盒《はんごう》や水筒に詰めるのである。

攻略部隊主力の陸軍南海支隊は、八月十八日にブナ付近のバサブアに上陸して進撃し、九月五日にようやく、山脈道の最高所に達した。さらに十六日に、ポートモレスビーから六〇キロの地点まで進出したが、これが限度であった。増援軍がないだけでなく、食糧が尽きていた。陸上の補給物資輸送は、現地や朝鮮・台湾で徴用した人夫一七〇〇人の担送に頼っている。

しかし、人間が担げる量には限りがあり、人夫自身の往復分の食糧も担いでいかなければならない。途中で敵の妨害を受けるので、海上でも陸上でも補給が中断する。そのような補給の限界が来たのである。

日本軍は、少しずつ米豪軍に押しもどされた。十一月中旬に、生き残った兵がようやく出発地付近まで後退してきたが、戦力は残っていなかった。このとき南海支隊長堀井少将と田中参謀が、当番兵が漕ぐカヌーで海上を移動しようとして、途中で雷雨の中の突風に遭《あ》い、カヌーが転覆したため溺死した。漁師であった当番兵だけが、一〇キロの海を泳ぎきって指揮官戦死を報告した。後退して部隊を再編成しようとしていた支隊は、これで司令部を失ったのである。

大本営陸軍参謀・辻政信中佐

大本営辻参謀の負傷

南海支隊がブナ付近に上陸する前にその作戦を容易にする目的で、先遣隊として工兵連隊と歩兵一個大隊が上陸し、道路の補修や物資の集積を行なっていた。上陸は七月二十一日であった。海軍佐世保特別陸戦隊の一部も上陸した。

そのようなときに大本営の陸軍参謀辻政信中佐が、現地の視察指導にやってきた。彼はラバウルで海軍と交渉し、駆逐艦に乗ってブナ付近を視察しようとした。しかしラバウルの海軍は、先遣隊の輸送時に空襲を受けており、現地の危険性を知っていたので、駆逐艦を派遣することを躊躇した。そのときは事前にポートモレスビーの敵飛行場を爆撃しておいたのに、駆逐艦が攻撃され、被弾したのである。悪天候のためにラバウルの日本海軍戦闘隊が飛べない時間を狙って、米軍機は攻撃に来ていた。それでも辻の強引さに負けて、海軍は駆逐艦を派遣することにした。

駆逐艦「朝凪」に乗艦した辻参謀は、七月二十五日早朝、ラバウルを出港した。二十六日の午後、いよいよ目的地に近づいたが、そのころまで曇っていた空が快晴に変わった。こうなると、空からの攻撃を受ける可能性が強くなる。警戒しつつブナ付近に接近したとき、艦長の「戦闘用意ッ」という声が響いた。

多くはない対空火器が射撃を開始し、B26が投弾する寸前に、「取り舵一杯」「面舵一杯」の号令が下される。そのたびに甲板上で右に左に振り回されていた辻は、艦体を震わせる「ドカン」という音とともに、後ろにのけぞった。至近弾の破片を頭に受けたのである。身をもって敵機の威力を確認した辻は、航空兵力の増強を必要とする旨の電報を、第十七軍参謀長宛に発信するよう口述したのち気を失った。

南太平洋のように比較的天候が良いと思われているところでも、航空機が天候にさまたげられて行動できないことがある。敵味方ともに、気象部隊が出す天気予報や航空機による気象偵察結果に頼って作戦をしていたが、自然が相手の予報はなかなかうまくいかない。辻はそこまでは気がついていなかった。

快晴のダンピールの悲劇

このような戦闘のうちに、ニューギニア北岸の日本軍の形勢は悪化し、昭和十八年を迎えた。日本陸軍はガダルカナルに第二師団など三万人以上の兵力を送りこんでいたにもかかわらず、状況は好転しなかった。制空権がないために海上の補給がつづかず、そのうえ作戦の不統一もあり、戦力は低下する一方で、餓島と呼ばれた食糧不足のために三分の二の兵士が倒れた。

このころラバウル方面には、定数から言うと三〇〇機以上の基地航空隊機がいたはずだが、実戦力は半数で戦力不足であった。海軍は早くから陸軍に、この方面に陸軍機を派遣するように申し入れていた。だが、満州の対ソ連戦備や中国での戦闘を重視する陸軍は、なかなか応じようとはしなかった。海軍の作戦担当地域に陸軍機を入れることを躊躇したのと、海上航法や艦船攻撃に不慣れであったためでもある。

それでも、地上軍の第十七軍がこの方面で戦っているのだから、いつまでも派遣要求を放置しておくわけにはいかない。結局、昭和十七年十二月から翌年三月にかけて、陸軍は戦闘機と軽爆撃機一三〇機をラバウルに派遣した。その前に、司令部偵察機九機も到着していた。これら陸軍機は第六飛行師団に編成され、その後増強されているが、損耗のため実働機数はほとんど変わらなかった。

飛行師団の中に気象部隊一個中隊も配置され、ラバウル、ラエ、サラモア、ツルブ、それにラバウルとガダルカナルの中間のコロンバンガラに観測地点が置かれた。海軍もこの方面に第八気象隊を配置し、ラバウルのほかブイン、レガタ、ムンダに観測地点を置いていた。

昭和十八年二月一日から七日にかけて、ついにガダルカナルの日本軍は撤退したが、この時期の天候はあまりよくなかった。あらかじめ撤退準備の攻撃が、陸海軍の航空部隊によって行なわれたが、その中で、気象が原因の航空機の損害が頻発した。

一月二十五日、ガダルカナルの米軍戦闘機の攻撃に出かけた海軍の零式戦闘機五八機は、敵機との交戦では被害がなかったのに、帰路の悪天候のため、一〇機が行方不明になった。二月二日の夜は、米艦隊の攻撃に向かった1式陸上攻撃機一四機が、敵を発見できずに引き返す途中でスコールに遭い、飛行場を探しているうちに六機が、雲中で僚機と接触したり、海上に不時着したりした。だが、撤退輸送を行なう海上部隊には、悪天候が幸いした。

「早く乗れ、ぐずぐずしていると敵機が来る」と、駆逐艦乗組員がタラップを上がってくる陸兵をせかすが、やせ衰えた陸兵に、艦上に上る力は残っていない。中には海の中に転落するものもいる。それでも低い雲の中を、攻撃に来る敵機の姿はなかった。艦上では、久しぶりにありついたわずかの食事に、涙を流す陸兵もいた。食事といっても、幽鬼のようにやせ衰えた下痢気味の兵に与えるのはお粥であった。

結局、一月三十日から二月一日までの三日間で、二〇隻の駆逐艦がガダルカナルに接近し、五四〇〇名の陸海軍兵を、無事に撤収させることができた。天候不良のおかげが大きい。その後も同じように、二月四日、七日と撤収作戦に成功し、駆逐艦は残りの七六〇〇名を輸送することができた。

この撤収作戦の間、ラバウルに派遣されてまもない陸軍機も、上空援護に協力している。米地上軍は、日本地上軍の撤退に気づかず、日本軍を包囲したつもりで網をちぢめてみて、初めて日本軍撤退を知ったのである。米海軍の水雷艇は、何度も輸送用駆逐艦を攻撃していたが、撤退ではなく、増援だと思っていた。

ラバウルの陸海軍にとって、ガダルカナル方面の敵よりもニューギニア方面の敵のほうが危険な存在であった。米軍はニューギニア島のラバウル側に飛行場を推進しつつあった。ここから発進した敵機が、毎日のようにラバウルを空襲するようになると、おちおちしてはいられない。そこで日本軍は、ガダルカナルから撤退する一方で、防勢作戦中のニューギニアの守備を強化しようとした。

当時は、緒戦に日本軍が上陸したブナ北西付近は、米豪軍に包囲されていた。そのため、ガダルカナルの撤収と同じ時期にここを脱出した日本軍は、陸軍発動艇で二〇〇キロメートル北西のラエ・サラモア地域に移動した。このとき南海支隊長小田健作少将と参謀の富田中佐は、脱出せずに拳銃で自決した。小田は前任者の戦死をうけて、新しく支隊長になったばかりであった。

しかし彼の部下たちは、飢えてふらふらしながらであったが脱出に成功した。折からやってきたスコールの中で敵の目を盗み、米豪軍の守備の間隙を縫って、三〇キロメートル先の発動艇待機場所に移動したのである。

このときまでに、すでに支隊最初の兵員五五〇〇名とほとんど同数が戦没しており、支隊には、追加補充を受けた一八〇〇名を、いくらか上回る兵数しか残っていなかった。戦没者数にはブナの戦闘で没した陸軍兵一五〇〇名が含まれており、ほかにブナでは海軍陸戦隊員八〇〇名も玉砕していた。このような状況なので、撤退移動先のラエ・サラモア地域に、米豪軍が進出してくるのは時間の問題であった。

日本軍は、ラバウル方面への最後の関門であるラエ・サラモア地域を何とかして守りたい。そこでラバウルの陸軍第八方面軍と海軍南東方面部隊が調整して、ラバウルから第五十一師団主力六九〇〇名と海軍陸戦隊約四〇〇〇名を、ラエ・サラモア地域に増援することを、昭和十八年二月末に決定した。

陸兵を輸送するのは八隻の輸送船であり、第三水雷戦隊の八隻の駆逐艦が護衛にあたる。上空では陸軍機と海軍機が交代で、十数機ずつ援護飛行をする。第十八軍司令官安達二十三中将と師団長中野英光中将も、駆逐艦に乗って同行することになった。

二月二十八日深夜二三時にラバウルを出港した船団は、ニューブリテン島の北を通りダンピール海峡に向かった。出港時は風雨が強く、翌日も比較的雲が多かったためか、航空攻撃を受けることはなかった。しかし三月二日朝、船団がようやく航程半ばに達したとき、戦闘機・爆撃機四、五〇機の編隊の攻撃を受けた。大型爆撃機B17も爆弾を投下してきた。

このため先頭の旭盛丸が被弾して火炎につつまれ、乗船兵八〇〇名は、師団長搭乗の駆逐艦ほか、もう一隻の駆逐艦に移乗してラエに直行した。船団は六、七ノット（時速一二キロ前後）という低速で、おまけに潜水艦攻撃を避けるためにジグザグ航海をしているのだから、

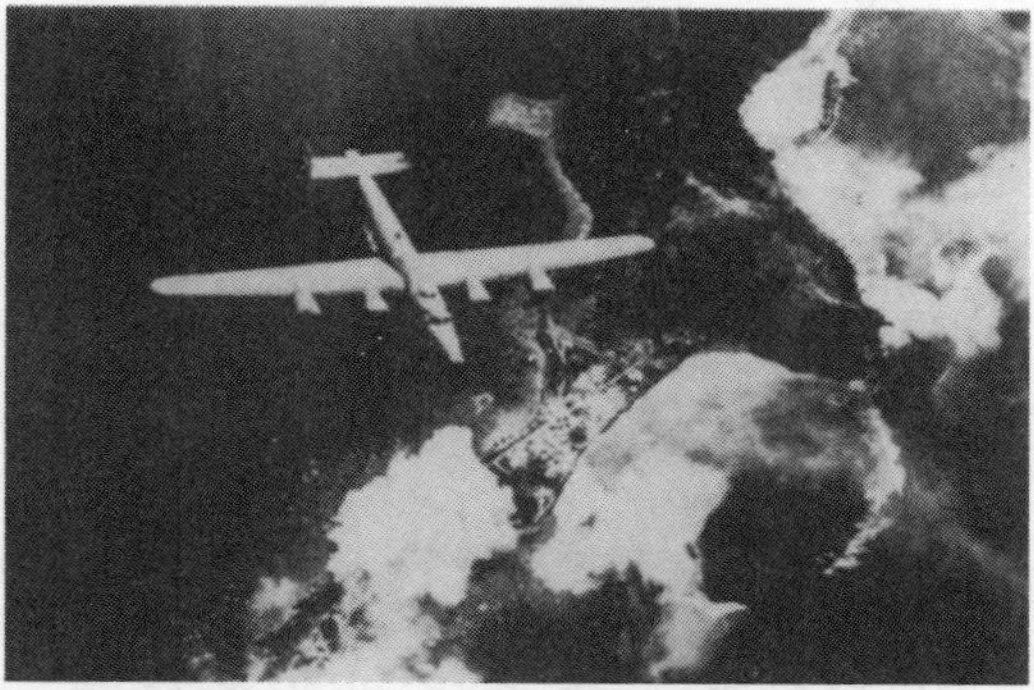
上陸作戦に先立ち、ニューギニア島サラモア地区を爆撃するB24

ますます航海時間が長くなる。駆逐艦に乗り換えた兵士と師団長は、三分の一の時間でラエについた。

残りの船団は夜間にダンピール海峡（正確にはその西側のビティアズ海峡）を通過して、ラエに接近しつつあった。その日は朝から快晴で、敵機の攻撃が予想されるので、船団は緊張していた。朝の上空掩護の担当は海軍の零式戦闘機で、それまでと同じように、六〇〇〇メートルの高度で哨戒していた。

　船上の見張りが、突然、「敵機ッ」と叫ぶ。水平線上に、一〇〇機を超える虻のような大群が見える。「撃て、撃てッ」と駆逐艦はもちろん、輸送船に取り付けられた鉄砲も火を吐いた。

　しかし、敵機の高度が低いので、狙いがつけられない。一〇メートルの高度で接近してくる飛行機を見て船長は、魚雷を投下するものと判断した。そこで投下するまで、避退のための舵を切ることを待った。掩護戦闘機ははるか上空にいるので、敵機を攻撃することができない。

　やがて、銃撃をしながら進入してきたA20軽爆撃機の胴体から、黒いものが落ちた。「おも一かーじ一杯」と船長が号令したとき、黒いものは水上で跳ねるようにして船に向かってきた。アット思ったとき、船は横腹に大穴をあけられ、「やられた」「助けてくれ」という陸兵たちの声でいっぱいになった。

これは、ヨーロッパ戦線でダムを破壊するために開発された方法で、さらに研究されて、輸送船攻撃にはじめて使用された反跳爆撃法であった。思いもかけない方法で奇襲された輸送船団は、七隻全部が沈められたり、炎上したりして、ラエ増援の目的を達成することができなかった。

これが、雲が低い日であれば、掩護戦闘機も高度を下げて哨戒していたであろうが、快晴の中であり、中高度にもB17爆撃機がやってきていたので、低高度には警戒の目が向いていなかった。

当時この方面に陸軍気象部隊も展開していたが、過去の気象データの蓄積がないので、天気予報の能力は十分でない。二日後の予報がやっとという状態なので、敵機の活動ができない悪天候の日を選んで航海することは難しかった。それに天候が悪ければ、掩護戦闘機が発進できない問題もある。三日もすれば天候が変わるこのような海域で、悪天候を利用する作戦をすることは難しかった。

ガダルカナルで撤退作戦が成功したのは、敵飛行場の航空撃滅戦を計画的に行なったり、偽電を発信して味方の行動の企図秘匿に努めたり、高速の駆逐艦による短時間輸送を行なったりした総合的な結果であろう。その中に天候が味方をしてくれたことも入るのではあるが……。

いずれにしろ、この輸送作戦の失敗が、ニューギニア方面の戦況を、いっそう日本軍に不利にしたことは確かである。

アリューシャン占領

世界地図を見ると、日付変更線が、アラスカの西方ベーリング海のところで大きく西方に張り出している。そこのアラスカ側、東経一七三度付近にある米領最西端の島がアッツ島である。そこから三〇〇キロメートルほど東にキスカ島がある。どちらもアリューシャン列島を形成する島のひとつである。

昭和十七年六月八日の朝、第一水雷戦隊旗艦「阿武隈」から発進した三座水上偵察機が、アッツ島の東側にあるチチャゴフ湾に着水した。ここに島でただひとつの集落がある。四十歳代の白人の役人夫妻が住んでいるほか、地元民は約四〇人である。

飛行機を降りた美濃部正大尉が、別に内火艇でやってきた武装兵を従えて役人の家を訪れると、夫妻が出てきて、婦人が「ヘルプ、ヘルプ」を連発した。夫のほうはじっとこちらをにらんだままである。ここには気象情報を発信する通信用の建物があり、美濃部は、この使用を禁止した。

ほどなくそこに、北側のホルツ湾に上陸し、峠を越えてきた陸軍の混成大隊規模の支隊が到着した。支隊がここを占領するとき、役人の夫のほうは抵抗したため殺害されている。この日、海上沖合いは天気が良かったが、島の高所は霧につつまれ、陸軍部隊は峠を越えるのに苦労している。

攻略部隊は五月二十九日に陸奥湾を出港していらい、霧の中の航行に悩まされ、六月というのに雪が残る島の状況を見て、これからの苦労に思いいたった。

アリューシャン列島の攻略は、ミッドウェー作戦と併行して計画された。日本軍はミッドウェー島を占領すれば、ここを足がかりにしてハワイまで進出することが可能になる。太平洋を西進してくる米艦隊を迎え撃つ根拠地としても、ミッドウェーは適当だ。

ミッドウェー作戦の発案者山本連合艦隊司令長官は、この作戦のときに出てくるであろう米空母機動部隊を撃滅することを重視していた。だが、大本営海軍部の参謀たちは、これに反対し、ミッドウェー島のほかアリューシャン列島を占領して基地をつくり、両基地から出撃して米艦隊を邀撃する態勢づくりのために、島を占領することを重視した。

大本営の陸軍参謀たちは、アメリカとソ連が手を握ることを阻止することができる位置にある、アリューシャンの島々の占領に賛成していた。こうしてミッドウェー攻略とともに、アリューシャンの攻略を行なうことになった。

アリューシャン列島攻略の中でもっとも重視されたのが、キスカ島の占領である。ここには小さな米海軍施設があり、またアリューシャン列島の中央に近く、その後の作戦に役立つ場所であったからである。キスカを攻略するために欠かせないのが、ここを航空機の威力圏内にしている、東方のウナラスカ島内ダッチハーバー米海軍基地の無力化である。そこで連

アリューシャン列島位置図

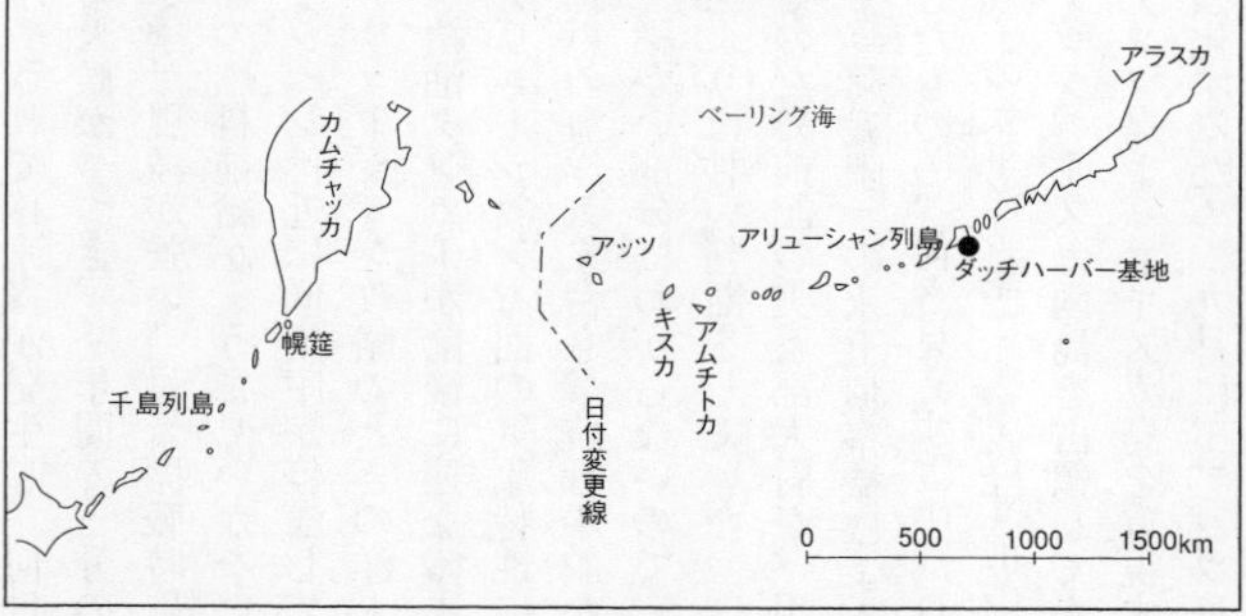

合艦隊は、ミッドウェー作戦の時期に合わせて、「龍驤」、「隼鷹」の二隻の軽空母で編成されている第四航空戦隊など、第二機動部隊をこの方面に向けた。昭和十七年六月四日に最初の攻撃機が発進しているが、天候が不良で行動が制約され、燃料タンクの爆破など、いくらかの戦果を得たにすぎない。

このときにちょうど、ミッドウェーでわが空母四隻が沈没したため、作戦を中止する指令が入った。しかしまもなく、とりあえずアリューシャン作戦は継続する決定があり、六月七日、キスカ島に、舞鶴第三特別陸戦隊が上陸し占領した。さらに前述のように翌日、陸軍がアッツ島を占領したのである。

アリューシャンの霧

艦艇にとっても航空機にとっても、霧は行動の障害になる。その霧が多いのが、アリューシャン方面の気象の特徴である。特に春先三月から九月にかかる夏を挟んだ時期に、南の暖かい空気がこの方面に吹き込むと、海上で冷やされて移流霧が発生し、何日も晴れない。霧が発生しないときも、どんよりとした曇りの天候がつづき、一年間の三分の二は雲に覆われている。

冬季は風波が強い。対米開戦時にハワイ攻略部隊がもっとも心配したのが、風波のために艦隊の燃料補給が、うまくいかない可能性があることであったことは前述した。冬季はアリューシャン付近に低気圧が停滞しているので、その影響を強く受けるからである。

アリューシャン攻略のときの洋上給油は、ハワイ攻略のときの経験から、補給を受ける艦と、給油タンカーが前後に連なるような形で給油するように、最初から計画されていた。

アリューシャン方面の気象特性については、海軍水路部が一応のデータを集めていた。また神戸の海洋気象台も、航行船舶から情報を得て、北太平洋の天気図を作成していた。しかし、細かい部分はわからないので、日本軍は全体として、この方面の気象、特に霧について、実際よりは甘い判断をしていた。

そのため前記の美濃部大尉が、現地を知らない後方の第五艦隊司令部から、低い雲と霧の中で「阿武隈」の水上偵察機による前方哨戒を命ぜられて困惑している。「カタパルトで発艦したものの、何も見えず雲中飛行をせねばならなくなった」と書き残しているように(『大正っ子の太平洋戦記』)、事故寸前の状況がしばしば起こったのである。

アッツ、キスカ両島を占領してからも、日本軍は、このような悪天候に悩まされている。

アッツ島よりもキスカ島を重視する大本営は、海軍だけが配置されているキスカ島の防備を強化するため、九月に、アッツ島からキスカ島に、陸軍の守備隊北海支隊を移動させた。

この移動は八月末に行なわれる予定であったが、米軍機の空襲と悪天候のために遅れ、出発が九月十七日になった。

そのころキスカ島の防衛を担当していたのは、海軍の秋山少将が指揮する第五警備隊であった。移動した陸軍の北海支隊は、秋山の指揮下に入った。キスカにはほかに、水上偵察機と飛行艇の部隊が進出していたが、後に水上戦闘機一二機の第五航空隊も進出した。

兵員が増えてくると、問題になるのが補給である。季節の霧と米軍の潜水艦や航空機が輸送をさまたげるので、必要量の確保が難しくなった。「輸送の関係により減食の件を北方軍より要求」とか、「ツンドラを利用する燃料半減の試行」といった記述が、作戦日誌に見られるようになった。

その後、アッツ島にも陸軍歩兵一個大隊半と砲兵、工兵らが再配置され、またキスカの陸軍兵力も増強されて二個大隊になった。両島に飛行場を接地する設営隊が送りこまれて工事がはじまったが、資財も人員も不足しているので、半年たっても工事が進まなかった。

霧は日本軍の行動の障害になったが、同時に米軍機の行動も制限する。そのため、停泊して揚陸作業をしている輸送船が空襲されることも少なくなり、霧はありがたい存在にもなった。

ただし霧は航海の障害になる。このあたりの海図はほとんど整備されていなかったので、霧の中で手探り航海をするのは危険であった。米海軍は、霧の中でもレーダー砲撃をするので、その意味でも霧の中の航海は気が抜けなかった。キスカ島とアッツ島に海軍第五気象隊が配置され、霧の発生予報もしていた。しかし霧は気まぐれで、アッという間に発生したり消滅したりするので、予報が難しかった。

陸軍も昭和十七年十一月に入ってからキスカ島に、北部気象隊の一個小隊を配置した。この直前に大本営航空参謀の久門中佐搭乗の重爆撃機が、択捉島《エトロフ》上空で偵察飛行中に、悪天候に巻き込まれて遭難する事件があった。そこでにわかに北部気象隊が編成され、札幌を本拠地にして、キスカ島のほか、千島の幌筵島《ホロムシロ》と松輪島にも小隊が配置された。

アッツ島玉砕

昭和十八年に入ってから米軍は、アッツ、キスカ両島の奪回作戦を計画しはじめた。米軍は偵察の結果、アッツ島の防備が薄いことを知り、反攻軍司令官キンケード海軍少将は、先にアッツ島を攻略することにした。

戦艦三隻、巡洋艦六隻、護衛空母一隻とその他駆逐艦などから編成されている上陸支援艦隊を指揮するのは、ロックウェル海軍少将である。第十七歩兵連隊を中核とする上陸部隊の指揮官は、ブラウン陸軍少将であった。そのほか輸送船上に、予備の連隊も待機していた。

アッツ島に隣接するアムチトカ島に、米軍が短期間にPSPと呼ばれる軽量鉄板を敷いて造った応急滑走路があり、陸軍機五〇機が、ここから爆撃や銃撃のために発進できるようになっていた。

これに対して日本軍は、北千島の幌筵島から一二〇〇キロメートルを飛んでくる1式陸上攻撃機、またはキスカに進出した水上機、飛行艇に頼るほかはないので不利であった。幌筵島に陸軍の飛行場もあったが、陸軍機は航続距離が短く、重爆撃機でもキスカまでの片道飛行がやっとであった。これでは特攻作戦しかできない。

アッツ島に上陸した米軍――5月30日、日本軍守備隊は玉砕した

昭和十八年五月十二日（米国時間十一日）朝、米軍機は霧の晴れ間を縫うようにして、アッツ島の銃爆撃をはじめた。やがて米艦が艦砲射撃を行なった後、地上軍が島の南北両方向から上陸した。

じつは米軍は、五月七日をアッツ島上陸の予定日にしていた。通信情報でこのことを察知した日本軍守備隊長山崎保代大佐は、その日、防御体勢を命じて米軍上陸に備えていたが、何事も起こらなかった。米上陸軍は、アラスカ半島先端のコールド湾に待機していたが、アッツまでの航路上の気象条件が悪かったので、出航を見合わせたからである。

上陸日の十二日も、アッツ島の視界はよくなかったが、航海に支障がなかったので、攻略を決行した。アリューシャンの霧は、日米双方の作戦に影響した。島が霧に覆われているので、航空機の攻撃や艦砲射撃は制約を受ける。同士討ちの恐れがあるので、むやみな攻撃はできないのだ。その意味では、この日の霧は日本軍に味方をした。米地上軍に補給物資を投下するために飛んできたB24が、霧にまかれて山腹に衝突する事故も起こっている。

その後も毎日のように霧が出たので、兵力が少ない日本軍守備隊は、霧に隠れて有利な戦いをすることができた。しかし、米艦も日本軍機の攻撃を受ける心配がないので、安心して地上軍支援をすることができた。

米軍が上陸した翌日、千島の幌筵島海軍基地に日本海軍第七五二航空隊の1式陸上攻撃機二〇機が進出してきたが、霧と雨に阻まれてアッツ島方面の米艦隊を攻撃することができなかった。やがて進出してきた空母機動部隊が、ようやく一回だけ攻撃の機会を得たものの、戦果は少なかった。

日本の大本営は、守備隊への補給物資の空中投下や空挺部隊の降下作戦も検討したが、飛行機の航続距離が短い問題と現地の悪天候にさまたげられて何もすることができなかった。陸軍は、独自に開発したばかりの輸送用潜水艦に増援部隊を乗せて、アッツ島に乗り上げることまで考えたが、霧の中の航海ができない。結局、守備隊は、見殺しにされることになった。

それでも守備隊はよく戦った。日本軍は地形がわかっているうえに陣地を構えている。米軍が陣地を攻撃していると、日本兵が、霧にまぎれて背後に回り逆攻撃をした。そのような戦闘のために米軍は、圧倒的に多い兵力と支援能力を持ちながら苦戦した。一日かけて五〇〇メートルしか前進できずに、悲鳴をあげている。そのため腹を立てた攻略軍指揮官のキンケード海軍少将は、陸軍地上部隊指揮官のブラウン陸軍少将をランドラム少将に更迭している。

しかし、日本軍守備隊は補給も増援もないので、次第に消耗していった。小銃弾が一人一〇発を残すだけになり、食糧もなくなった。戦闘能力があるものは、最初の兵力の三分の一に減り、総兵員が、負傷者と病人を入れて二一五〇名の状態になった。上陸米軍は、後方要員を含んで約一万人であった。

大本営は、五月二十日にアッツ島の放棄とキスカ部隊の撤退を決めていたので、アッツ島の守備隊員もできる限り潜水艦で撤退させようとした。だが、米軍が島を包囲している中で、これは不可能に近かった。

そのような状況の中で五月三十日、守備隊長山崎大佐は残存の一三〇名ほどを率いて、最後の突撃をした。ほとんどが傷つき歩くのがやっとの兵たちは、抜刀して先頭に立つ大佐とともに霧の中から現われて、幽霊のように、ゆっくりと米軍のほうに向かっていった。一瞬映画のシーンを見ているような気になった米兵たちは、すぐにわれに返って、日本兵に機銃弾を浴びせた。

まず先頭の指揮官が倒れ、後続の日本兵も折り重なるように倒れて、そのシーンは終わった。米兵たちは、やがてその指揮官が山崎大佐であったことを知り、手厚く葬ったのである。

この戦いの日本軍の戦没者は二六三八名で、捕虜になり生き残ったものは二七名だけである。米軍の死傷者は三〇〇〇名以下の員数であり、そのうち戦死者は約六〇〇名であった。日本軍守備隊は自軍の総兵力以上の損害を米軍に与えた後に、弾丸も食糧も尽きて玉砕したのである。よく戦ったといえよう。この奮闘は、霧に助けられるところが大きかった。

キスカ島霧中撤退作戦

米軍がアッツ島のつぎに攻略するのがキスカ島であることは、日本の大本営にもよくわかっていた。日本軍を撤退させるのであれば、米軍の攻撃がはじまる前にしなければならない。

在島日本兵は陸軍が二五〇〇名弱、海軍は軍人が二〇〇〇名強、軍属が一二〇〇名弱で、飛行場建設などに従事している一般の労務者も、三〇〇〇名を数えることができた。アッツ島が米軍の手に落ちた今、それよりも米軍勢力圏に近いところにあるキスカ島から、これだけ多数の人員を撤収するのは容易ではない。

海軍は、潜水艦で撤収するとしても一回に五、六〇名であり、結局、全体の半数も撤収できないのではないかと見積もっていた。それでも潜水艦一三隻による撤退作戦が、五月二十七日から開始されている。アッツ島玉砕の直前の時期であった。しかし、潜水艦だけでは輸送力が小さい。そこで霧の状態と米軍の状況を判断しながら、駆逐艦や輸送船による撤収も行なうことになった。

キスカ島守備の兵員は、アッツ島よりも多い。兵器や弾薬、食糧もはるかに多かった。それでも行動が長期化する場合のことを考えて、撤収用潜水艦は、往路に食糧弾薬を満載していった。

この潜水艦による撤収は六月二十三日まで行なわれたが、三隻が沈没または行方不明になったので中止された。この間の輸送人員は、八二〇名であった。

潜水艦輸送が行なわれている間にも、米軍は三日に一度の割合で、キスカに航空攻撃を加えてきた。気象条件さえ許せば、飛んでくるのである。撤退は急がなければならなかった。

潜水艦輸送を中止した翌日、海軍北方部隊指揮官の第五艦隊司令長官は、第一水雷戦隊に、撤収輸送作戦を行なうことを命令した。高速の巡洋艦と駆逐艦で一気に撤収しようというのである。

水雷戦隊司令官は、六月十一日に着任したばかりの木村昌福少将であった。木村は前述のダンピールの悲劇のときの護衛司令官で、そのときに負傷し、ようやく前線に復帰したのである。旗艦は軽巡洋艦「阿武隈」であり、海軍の伝統にしたがって木村が、先頭に立って輸送作戦を指揮する。

第五艦隊司令長官河瀬四郎中将も、自身が巡洋艦で先頭に立つ意志を持っていることを木村に伝えたが、木村は迷惑そうな顔をした。長官が出てくると、その護衛に兵力を割かれるし、とっさの判断を掣肘《せいちゅう》されるからだ。しかし長官も、中央との関係で、置かれた立場があるので出ないわけにいかず、中継地点まで、タンカーなどの支援艦も含めて全部隊を直接指揮する形で、幌筵島を出港した。

木村は、駆逐艦など水雷部隊一筋の勤務をしてきており、沈着勇敢な指揮官として知られ、部下たちに信望がある。南洋航海中に、「手空き総員スコール浴び方」を令しておいてスコールの中に突っ込み、航海中汗を流す機会がなかった乗組員たちに、水浴びをさせる磊落《らいらく》さをもっていた。しかし、一方では細心なところがあり、それが撤収作戦の成功につながった。

この作戦はケ号作戦と呼ばれ、霧に隠れてキスカ島に接近する。実施時期は、七月上旬から中旬の間になっていた。根拠地は幌筵島であり、片道八〇時間はかかる行程なので、途中で敵に遭遇する可能性が大きい。作戦成功の鍵は霧であり、それなしには航行の安全も、キスカでの兵員収容も保障されない状況であった。

そこで木村は、自分の司令部気象班に気象士官一名を増員し、霧の発生判断をさせた。第五艦隊司令部にも、現地キスカにも、気象判断能力があったが、それだけでは不安である。

米軍はレーダーの能力が高いので、霧を通してレーダー射撃をすることができるが、それでも霧が発生していれば、発見される確率は小さくなるし、何よりも空中から攻撃されることがないのがありがたい。

このころ日本の軍艦にも電波探信儀と呼ばれるレーダーが装備されていたが、性能がよくない。「阿武隈」ともう一隻の軽巡洋艦「木曾」に装備されていたが、キスカ入港時に「阿武隈」が、レーダーに映った影を敵艦と思い、魚雷を発射したところ、港に近いところにある岩山であったという笑えない話がある。霧という自然現象は、当時は航海にも作戦にも、大きな影響を与えていた。

七月七日に幌筵島泊地を出港した収容部隊は、キスカに向けて前進をはじめた。しかし、キスカからの情報では、霧が薄れて突入に不適当な天候になってきたという。その予報どおり、突入予定の十一日の現地は、霧が薄れて米艦の砲撃を受ける天候になった。

収容部隊は、そのまま途中の海域で霧の発生を待ち、十五日に霧が発生するという予報により前進をはじめた。だが、やはりその途中で、現地の霧が薄れ晴れ間が見えるようになったという通知を受けて突入を断念した。このとき気象予報は、しばらく霧が出ない気圧配置になっていることを教えていたので、木村は燃料不足のことも考えて、部隊は、いったん幌筵に引き返すことにした。

このことは、口でいうほど簡単ではない。キスカでは全員が毎日、乗艦予定の海岸に集まり、撤収延期の知らせを受けるたびに、元の守備位置に帰る行動を繰り返していた。大本営でも毎日、参謀たちが今か今かと、撤収成功の報告を待っている。現地の状況を知らない参謀の中には、突入しない輸送部隊を悪しざまにいうものもいた。ぐずぐずしているうちに、米軍がキスカ上陸作戦をはじめるのではないかと、皆、気が気ではなかったのである。

しかし、この作戦で現地部隊は、収容する側もされる側も慎重に行動した。キスカでは電波統制を厳格にして、米軍に撤退企図がもれないように注意していた。ミッドウェー作戦のときや山本連合艦隊司令長官の移動のときに、日本側の通信内容が米軍に解読されて不利になったのとは違っていた。負け戦であることが認識されてきていたからであろう。

ガダルカナルの撤退のときもそうであったが、そのつもりになれば日本軍は、組織を統一して慎重に行動することができる。緒戦のときのように勢いに乗っているときは、慎重に行動すると臆病者扱いされがちだが、日本人の集団心理の特性なのであろうか。慎重細心と消極臆病とは区別して考えるべきであろう。

七月二十八日、ようやくキスカ方面に、待っていた霧が出た。天気図から霧の発生を予測していた収容部隊は、すでに幌筵島泊地を出港していた。だが、霧の中での航行中に、四隻の接触追突事故が起こった。幸先はよくない。それでも被害が軽く、作戦に支障がないのが何よりであった。

二十九日、現地から「終日霧がつづく見込み」という通知があり、収容部隊は速力をあげてキスカ島に向かった。港内から方向を示すビーコン信号が発信されており、収容隊はそれに乗って突入した。入港したのは、一三時三〇分である。

視程は約二キロメートルであり、雲高五〇メートルなので、敵機は飛んでいない。軍艦の搭載艇や陸軍の発動艇など、あらゆる小艇が海岸と艦の間を往復した。

「長い間、ご苦労さん」「イヤ、ありがとう」という言葉が自然に出てくる。こうして一時間一五分で収容が終わり、キスカ残留者なしに全員が島を脱出することができた。陸軍兵の中には、兵器を捨てての脱出に、不満を持つものもいないではなかったがやむをえない。海軍では小銃は、陸軍のように重視される兵器ではないので、駆逐艦の中では余計な荷物でしかないからである。

出港後、ふたたび霧が濃くなった中を、水雷戦隊は本来の面目を取り戻し、二八ノット（時速五〇キロ）の戦速で危険海面を離脱した。

米軍は、警戒艦が一時キスカ島周辺から離れていたせいで、この脱出にまったく気づいていなかった。アッツ島南西三〇〇キロメートルのところに、日本軍の増援船団を発見したという彼らのレーダー情報があり、警戒艦はそちらに移動していた。これは霧が発生するような天候の中で起こりやすい、電波の異常屈折のためではなかったろうか。日本の第五艦隊司令長官座乗の巡洋艦「多摩」など遠方の目標が、近い距離にあるものと、誤って測定された可能性がある。そうだとすると、長官の出陣はむだではなかった。

木村は、辛抱強く霧の発生を待ったかいがあった。全員脱出成功という成果は、大本営の期待を大きく超えるものであった。木村は終戦直後であったが、中将に昇進している。海軍兵学校をびりに近い成績で卒業した彼が、中将になるとは、誰も予想していなかった。

実務能力に優れている彼は卒業後、少しずつ席次を上げ、大佐になったときは中以上のところまで席次を上げていたのは確かである。しかし、平時であればそこで予備役に入ったはずである。戦時のポスト増で少将になっただけでなく、中将まで上ったというのは、ほかには例がないので、この撤収作戦が彼の評価を高めたことは疑いない。

キスカ島ではその後、七月三十日から二週間にわたり米艦の数千発の砲撃が行なわれた。最後に航空機から、爆弾一二八トンも投下された。そうしていよいよ八月十四日、十五日に、地上軍七三〇〇名の上陸作戦が行なわれた。

上陸してみて彼らは、反撃がないのに疑念をもった。しかし、日本軍が脱出したとは思わず、霧の中から突然、奇襲されるのではないかと、用心しながら前進した。

「敵だッ」「撃て、撃てッ」

あちこちで発砲があった。しかし、相手は味方であったり、犬であったりした。こうして幻の日本軍との戦闘で、米軍は死者負傷者等一一七名をだしたのである。

マリアナからの東京空襲

昭和十九年十一月二十四日正午過ぎ、東京の西郊外にある中島飛行機の工場がグラグラと揺れた。工員たちが、「地震かな」と腰を浮かしかけたとたんに、ドカンという破裂音が響いてきた。「空襲だッ」と、あわてて防空壕に駆けこむ彼らを追うようにして、「シュルシュル」という爆弾の落下音と炸裂音が響き、爆風が彼らをなぎ倒した。これが、東京が受けたB29爆撃機による、本格的な空襲のはじまりであった。

マリアナ諸島を占領した米軍は三ヶ月後に、日本本土を空襲するB29用の飛行場をサイパン島に造りあげた。この空襲のときは一一〇機以上のB29が進出していて、その全兵力で東京空襲をしたのである。

彼らは八〇〇〇から一万メートルという高高度で侵入し投弾した。中島飛行機工場に投弾したのは二四機である。この日、工場の上空は雲に覆われており、高高度からのレーダー照準爆撃では、目標に命中させるのが難しかった。投弾できたのは、搭載弾量の七パーセントだけで、一六発が爆発したと記録されている。工場の死傷者は約一〇〇名であった。

このことからわかるのは、彼らも日本軍防空組織による反撃を恐れて高高度で侵入してい

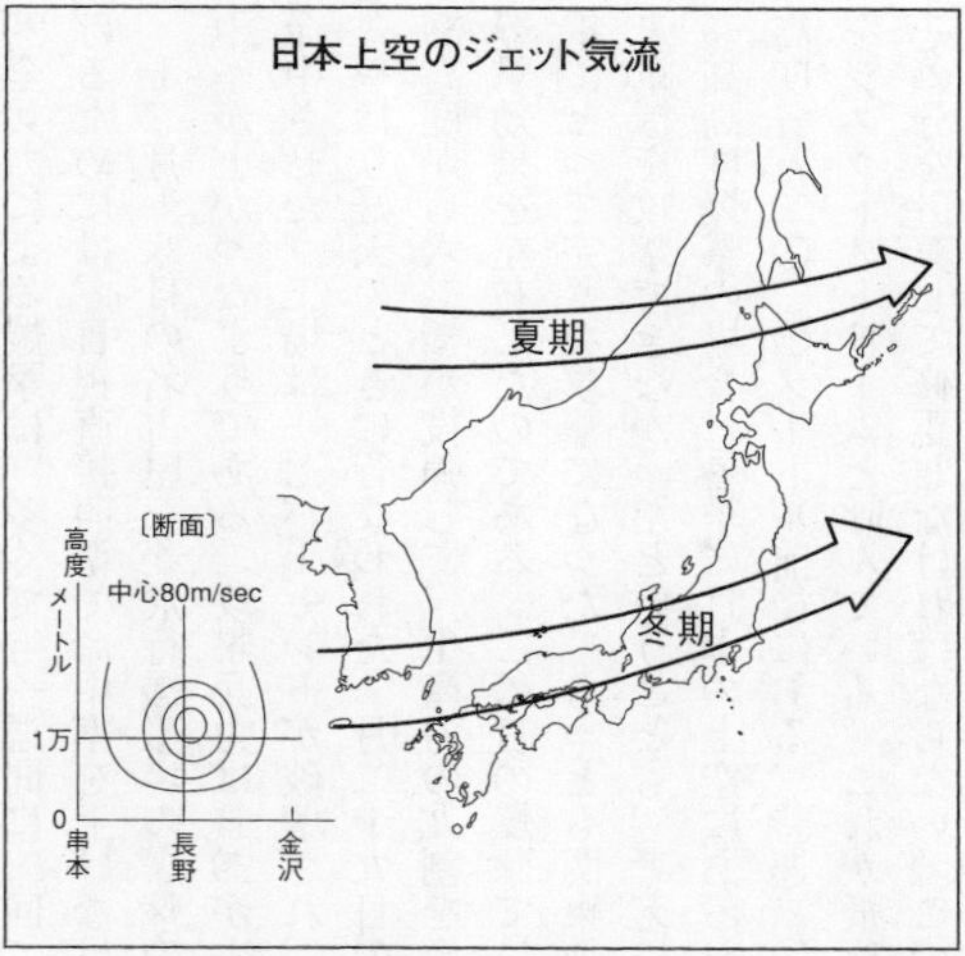

たということである。ろくに照準ができず、民家に被害が及ぶ恐れが強い、無差別爆撃は控えていたのである。

日本の防空戦闘機は、陸海軍あわせて一〇〇機以上が待機していた。しかし、当時の陸軍2式戦闘機や海軍零式戦闘機は性能上、高高度戦闘能力が小さく、体当たりで敵一機を撃墜できただけであった。高射砲も一万メートル以上の高度まで射撃できるものが少なく、B29搭乗員はほとんど脅威を感じなかった。

しかし、年間雨量が世界の標準よりも多く快晴になることが少ない日本で、高高度爆撃をすると、レーダー照準になりがちである。命中率をよくするためには、直接照準をする必要がある。雲が多かった最初の中島飛行機工場のレーダー照準爆撃では、機械十数台を破壊したものの、生産全体に支障があるほどの損害を与えることはできなかった。

マリアナの米軍は、少数機による偵察をかねた爆撃は毎日のように行なったが、B

29全兵力による爆撃は、多くても一週間に二回ていどであった。少ない回数で爆撃効果を挙げるためには、目視直接照準で命中率を上げなければならない。

十二月十八日の名古屋三菱飛行機工場の爆撃のときは、快晴で直接照準ができたから、命中率が上がったようである。攻撃兵力はB29が六三機で、爆弾二〇〇発以上と焼夷弾多数を命中させた。工場は一七パーセントが破壊され、工場の死傷者は四〇〇人以上にのぼった。

やはり好天のときに行なわれた一月二十九日の兵庫県明石、川崎航空機工場の爆撃では、高高度から六二機が投弾して、生産力の九割を喪失させることができた。このように天候が、爆撃効果を左右したのである。この日の爆撃では、喪失機がまったくなく、その意味でも米軍にとって完璧な攻撃になった。もっとも関東地域と違い、関西の防空能力は低かったので、米軍機を攻撃できなかったということも、考えに入れなければならない。

高高度爆撃の場合、冬季に日本の上空にあるジェットストリームが照準を難しくしている。高度一万二〇〇〇メートル前後にある、時速二〇〇キロ以上にも達する偏西風の帯状の流れをジェットストリームと呼んでいる。これが飛行機を東に押し流すので、照準をするとき、その分を計算して修正しなければならない。この流れの中の風向風速は、高度と位置で少しずつ違っている。そのため照準が難しくなるだけでなく、編隊を維持するのにも苦労しなければならない。

大型爆撃機が多数機の編隊を組むのは、各機が備えている機銃の射撃網密度を高くして、攻撃してくる戦闘機に対抗するためである。編隊が乱れることは、それだけ防御力が弱くなることに通じるので、ジェットストリームの状態を観測することも大切である。

雲の状態、風の状態、その他の気象現象を観測するため米軍は、毎日、日本上空にＢ29を飛ばせていたのであり、その観測結果が航空作戦に役立っていた。

焼夷弾による夜間無差別爆撃

米陸軍航空隊司令官のアーノルド大将は、このようなまだるっこしい攻撃法にいらいらしていた。そこで正統派のＢ29爆撃部隊航空軍司令長官ハンセル准将をルメー少将に替え、焼夷弾による都市広域爆撃をはじめさせた。ルメーは欧州戦線で、無差別爆撃を推進してきた将軍である。アーノルドの気心は、そのころからよく知っていた。

日本の都市は家内工業の巣であり、都市爆撃をすることは、軍事産業を壊滅する手段として正当化できるとするルメーは、躊躇することなく、夜間低高度による焼夷弾無差別攻撃をはじめた。

戦争というものはもともと残虐なものであり、平時の法の外にある行為である。無差別爆撃が不法だとか、非人道的だと非難するつもりはない。しかし、攻撃される日本市民は惨めであった。

この作戦の典型的なものが、昭和二十年三月十日朝、東京を焼け野原にし、広島の原子爆弾の死傷者とほぼ同数の、十万人以上の死傷者を出した夜間空襲であった。

九日の深夜、東京上空に現われた三〇〇機を超える数のＢ29は、一〇〇〇メートル前後の低高度から、下町一帯に二〇〇〇トンの焼夷弾を撒《ま》いた。折から吹きだした春の嵐の北風のために、火はあっという間に燃え広がり、火が火を呼んで竜巻を起こした。何しろ一機あたり三八四〇本も搭載している焼夷弾を三〇メートルおきにばら撒《ま》くのだから、地上の人間はたまらない。

この炎の固まりは、空中の爆撃機にも影響を与えた。B29は炎の乱気流に巻きこまれた状態になり、一〇〇〇メートル以上も上下に激しく揺さぶられたのである。それだけでなく低空飛行のB29は、防空戦闘機の攻撃や高射砲の弾幕にさらされている。損害が一四機だけというのは幸運であった。地上の火災で立ち上る煙が、上空に向けられた探照灯（サーチライト）の光の束をさえぎり、防空戦闘機や高射部隊が敵B29を発見することを難しくしていたことも影響したであろう。

同じような夜間爆撃が、つづいて名古屋と大阪でも行なわれた。三月十四日の大阪の爆撃は、天候不良のため雲上からのレーダー照準になり、目標からやや離れた地域に焼夷弾が散布された。それに風がなかったので、火の手が大きくならず、東京のように地上の被害が大きくなることはなかった。そうはいっても、これは東京と比較してのことで、死傷者は一万三〇〇〇人に達し、広い地域が焼け野原になった。

被害の大きさについていえば、火災に弱い木造建築ばかりの当時の日本の都市は、風の有無が焼夷弾攻撃の被害の多少に影響したといえるのは確かであろう。

原子爆弾の投下作戦

このような日本爆撃に専念していたルメー少将の下に、本国からカーク・パトリック技術大佐が派遣されてきた。

ボーイングB29爆撃機。日本各地の都市に焼夷弾の雨をふらせた

「そのようなわけで、八月までに原子爆弾が完成し、日本に対して使用する準備が進められております。原爆を投下する任務を与えられているB29部隊の指揮官はティベッツ大佐で、テニアンから発進する予定にしております。そのためのご支援をお願いに参りました」

「アーノルド閣下は了解しておられるな」

「もちろんです。ユタのウェンドーバー基地に、この任務にあたる第五〇九混成飛行団が編成されており、第三九三重爆隊のほか、技術、補給、輸送、憲兵などの機能を持つ各隊で組織されております。この投下作戦そのものについては中央の直接指揮になりますので、閣下には、主として管理面のご協力をお願いしたいのです」

こうして原爆投下の任務をもつB29の混成飛行団一

七〇〇名余が、ルメーの管理下に置かれることになった。

この飛行団は特殊な部隊なので、文官の科学者や技術者多数が加わっている。奇妙な集団は、どこに行っても一般兵士たちの目を惹《ひ》いた。

「何だ、奴らは」

「秘密の作戦を行なうらしいぜ」

「へえぇ、俺は火の雨を降らせるのに飽きたところだ。その新しい作戦に加えてもらうかな」

「よせ、よせ、今よりもっと危ない作戦らしいぞ」

飛行団は特殊部隊なので、いきなりそこに替わることはできない。原爆投下用のB29は、一年半も前から実験用に改造され、部隊に編成されたのも一年前であった。指揮官のティベッツを除き、爆撃隊のメンバーは、投下するものが特殊なものであることは知っていたが、それが何なのかは知らなかった。ただ毎日、投下訓練を、アメリカ中・西部の砂漠の中で行なっているだけであった。

混成飛行団は、八月十五日に戦争が終わることになる二ヶ月前に、テニアンに移動して訓練を継続した。だが、このときはまだ、最初の原子爆弾の爆発実験が終わっていなかった。ニューメキシコ州の砂漠で実験が行なわれたのは、七月十六日である。このときからテニアンの飛行団は、パンプキンと呼ばれる模擬爆弾による投下実験をはじめた。爆弾の形がずんぐりむっくりで、黄色に塗装されていたので、そのようなあだ名がついたのである。

投下実験の目標は、日本の中小の都市で、本物の爆弾投下候補地になっている都市の、周辺の都市から選ばれた。

本物の投下候補地は最初、小倉、広島、京都、新潟が選定されていたが、京都はスチムソン陸軍長官の反対ではずされ、代わりに長崎が加えられた。いわば実用実験をかねて投下するのだから、照準は正確でなければならず、そのためには雲の上からのレーダー照準ではだめである。また確実に爆発させるために、信管に工夫を加え、目標の上空で爆発するようにしてある。爆発状況を観察する二機を別に随伴させるので、そこから観察できる天候であることも要求された。

そのような厳しい条件の中で爆発を成功させるためには、候補地は一箇所ではなく、もし現地の天候が悪いときは切り替えができる、別の候補地を用意しておく必要があった。こうして原爆投下目標に指定された都市は、ルメーが行なっている焼夷弾攻撃目標からはずされた。

開発されていた原爆は二種類あり、広島に投下されたのが、シンマンと呼ばれ、後に改造されてリトルボーイと呼ばれるようになった細長い形のものである。これは外発型ウラニウム爆弾とも呼ばれる。長崎に投下されたのはファットマンで、模擬爆弾パンプキンと同じような丸い形と大きさをしていた。こちらは内発型プルトニウム爆弾である。外発と内発の区分は、ウラニウムまたはプルトニウムを、最初の信管爆発で圧縮する場所の区分である。

リトルボーイは直径〇・七メートル、長さ三メートル、ファットマンは直径一・五メートル、長さ三メートル余であった。重量は前者が四トン、後者が四・五トンであり、これを積んで遠いマリアナから出撃するのは、Ｂ29いがいの航空機では無理であった。
模擬爆弾の投下は、このような実物投下と同じ方法で行なわれた。爆撃機は九〇〇〇メートル前後の高度で目標都市に侵入する。具体的な目標は、そこにある軍事関係の工場などである。目標を目視で照準し、爆弾一個を投下した爆撃機は、ただちに約一五〇度の旋回をして離脱する。

離脱のときは風に乗り、できるだけ早く爆発点から遠ざかる。そのため風向、風速を事前に観測しておき、それを考慮して進入と離脱の方向を決めた。その観測のために爆撃機が進入する一時間前、気象観測用のＢ29が目標付近を飛び、雲量、風向、風速などを観測して、後続の爆撃機に通報した。Ｂ29は後に、台風観測の気象偵察機としても利用されるようになったが、このような経験が、気象偵察能力を向上したからであろう。

模擬爆弾投下目標に選ばれた中小都市は、郡山、福島、長岡、富山、神戸、四日市、呉、広、徳山、宇部、下関、門司、福岡などである。

七月二十日に行なわれた東北地方各地の模擬爆弾による爆撃のときは、高層雲が目標上空を覆っていて目視爆撃ができず、代わりに福島と平のレーダー爆撃をしたが、結果を観察することはできなかった。長岡と富山の爆撃も同じ結果になった。この日、別にルメー指揮下のＢ29部隊も、福井、岡崎、日立、銚子など各地で無差別爆撃をした。

七月二十日に行なわれた模擬爆弾の投下は、神戸、大阪地区に向けられたが、目標付近に、二〇〇〇メートル前後の高さともう一段高層にも雲があった。しかし、雲の切れ目を狙って照準し、投弾することができた。また照準は正確であり、期待通りの結果を得ることができた。

その後二十六日、二十九日の富山、宇部、四日市などの爆撃は、はやり雲にさえぎられて投弾が難しかった。

こうした模擬爆弾投下による実地訓練を経て、ついに八月六日の広島への、原子爆弾投下の日が来た。本物の原爆は、組み立て部材の形のまま、重巡洋艦インディアナポリスで運ばれ、七月二十六日にテニアンに到着していた。最終組み立ては、爆撃機が離陸してから機内で行なわれる。

トルーマン大統領はすでに、八月三日以降に原爆の投下を行なうように指令する命令書にサインしていた。ソ連が参戦する意向を固め、日本も降伏のそぶりを見せはじめていたので急がなければならない。鈴木貫太郎内閣がソ連を通じて和平工作をはじめていることや、アメリカのダレス機関という諜報機関とも和平についての接触をしていたことは、トルーマンも知っていたはずである。

八月六日二時四五分、原子爆弾を搭載したエノラ・ゲイと支援の二機のB29が、テニアン北飛行場を離陸した。その一時間前に、気象観測用のB29三機も、西日本に向けて出発していた。この三機はそれぞれ、広島、小倉、長崎の気象を観測する任務を与えられていた。広島の気象条件がよくなければ、代わりに小倉か長崎に投弾するからである。

爆撃機エノラ・ゲイのパイロット兼攻撃部隊全部の指揮官は、飛行団司令ティベッツ大佐自身が務めていた。エノラ・ゲイとは彼の母の名前であり、永久に歴史に名を残すことになった。

この日、日本列島は夏の太平洋高気圧に覆われていた。八月初めの典型的な気圧配置であり、このような日の午前中は晴れるところが多い。

まもなく気象観測機から気象報告があった。

「広島上空、高層雲雲量三、中層雲雲量六、高度九〇〇〇メートルで視程二〇キロメートル、同高度の風二七〇度から一五メートル、行動に支障なし」

「了解、離脱せよ」

九〇〇〇メートルの高度を保ったまま、エノラ・ゲイは広島の東から侵入し、軍事施設がある広島城に照準をつけた。風に向かって飛んでいるので、照準をするのに左右の偏流を修正する必要はない。

予定通りの八時一五分、リトルボーイはエノラ・ゲイの胴体を離れた。パラシュートが開き、ゆっくり降下する。随伴機二機はその前に反転し、高度を下げながら南東に避退していた。

ティベッツ大佐は随伴機を追うようにして右に旋回し、広島上空から脱出しようとしたが、旋回を終える前に光の渦に巻き込まれた。やがて、がくんと大きな衝撃がきた。後方に大きな丸い雲の塊が湧き上がり、上空に向かって動きだしていた。

広島の市民はその前夜から、ルメーのB29による空襲を受けていた。人々が寝不足のまま出勤準備をしていた八月六日の七時一〇分に、ふたたび警戒警報のサイレンが鳴り響いた。気象観測機B29を発見したからである。しかし七時三二分に警報が解除され、人々は職場に向かいつつあった。

見上げる空は、高層にいくらか雲があったが、晴れていて暑くなりそうな天気であった。そのとき、ふたたび空襲警報が発令された。

「アッ、B29が何か落とした」

「落下傘だ、人が降りてくるのかもしれない」

わいわい話している人々の上を、突然真っ白な閃光が走った。見上げていた人々は何も思うひまがなく、そのまま天国に昇った。そこからいくらか離れていて、建物の陰などにいた人々の地獄の苦しみがすぐにはじまった。わけがわからないままに熱風に襲われ、あたりの建物も、着ている衣服も燃えはじめた。苦しくて川に飛び込んだ人々の上を、さらに川筋に沿って熱の旋風が駆け抜け、人々は水底に沈んでいった。

世界で初めての原爆攻撃の成功は、ただちにトルーマン大統領に報告された。トルーマンは喜び、「日本が戦いをやめなければ、さらに他の都市にも原爆を投下する」という意味の声明を出した。

このときトルーマンは、ポツダム会談からの帰路の軍艦上にいて、ほうっておいても日本が手を挙げることを、予測していたはずである。声明は日本に対してだけでなく、ソ連を含む連合国との関係を頭においてのものであったと考えることができる。このとき使える原爆は、あと一発しか残っていなかったが、そのようなことを知らない連合各国は、アメリカの強大な力に畏怖を感じたはずだからである。

つづいて八月九日に、二発目の原爆が長崎に投下された。今度はファットマン、つまりプルトニウム爆弾で、実用試験として、広島への投下とは別の意義をもっている。

二発目の投下は、スウィニー少佐の指揮で行なわれた。手順は広島のときと同じである。目標は小倉であったが、小倉の気象条件が不良のときは、目標を長崎に変更することが予定されていた。

前回と同じように、まず気象観測機が進入し、気象状況を報告したときは、小倉も長崎も、ともに爆撃可能な天候であった。しかし、爆撃機が小倉上空に到着したとき、雲は少なかったが、地上は工場から排出される煙のため、煙霧がかかった状態になっていた。少佐は爆弾倉を開き、照準をつけさせたが、地上目標が見えないため投弾することができない。何度か上空を往復してみたが、やはり投弾不可能であった。

そうしているうちに、飛行機の燃料が少なくなってきたので、やむを得ず少佐は、目標を長崎に変更することにした。長崎も全天の七割が中層、高層の雲に覆われていたが、レーダーで接近し、やはり数回の往復の後に、雲の切れ目からわずかに見ることができた造船施設に照準をつけ、投下ボタンを押した。照準時間三〇秒を何とか維持できる切れ目があったのである。ファットマンは、まっすぐ目標の上空に落ちていき、すぐに閃光を発した。

8月6日の原爆投下により、廃墟と化した広島爆心地付近の惨状

長崎ははずされた京都の代わりに目標に加えられていたが、優先順位は一番低かった。しかし、人の運命はわからない。小倉は人に嫌がられる工場排煙のおかげで、攻撃をまぬがれたのであり、代わりに長崎の人々が、実験台に立たされて消えていったのである。長崎には米軍捕虜施設があるという情報がスチムソン陸軍長官のもとにも届けられていたが、作戦のために、長官は目をつぶっていた。

原子爆弾による犠牲者は当時の計算で、広島が約九万人、長崎が約六万人である。その後判明したものや被爆胎児などを入れて、被爆者として計算されているものは、この二倍以上になる。当時の米軍の宣伝ビラは、原爆一発の威力は、B29一機分の二〇〇〇倍としていた。被害は確かにそれ以上で、核兵器が使えない兵器であることを、日本人は身をもって示したといえよう。

核兵器廃絶運動のように日本では、感情が判断に大きく影響しがちである。政治家や軍人を含めて日本人は、合理性では動かない面が強い。しかし、米国人は場合によってはスチムソンのように、自国捕虜の命を犠牲にしても、それ以上の犠牲を出さないためにという理屈で、行動する場合がある。原爆投下作戦全体の中に、彼らの計画性や合理性が示されている。

そのような彼らの性格の中から、ルーズベルト大統領が日本のハワイ攻撃計画を事前に知っていながら、国民を戦争に向けて団結させるために現地に警報を発しなかったという説が生まれてくるのであろう。団結のためにパールハーバーの戦艦多数を犠牲にしたのだというのである。

この原爆投下作戦は、本書の主題の気象と軍事についても、多くの事例を示している。航空作戦は、地上作戦では大きな問題にならない雲量が多いか少ないかていどのことが、作戦に影響するのである。

第三章——天が日本に味方をした沖縄戦

天号航空作戦と気象

昭和十九年十月というと、日本は対米戦開始後三年近く戦ってきており、ほとんど国力を消耗していた時期である。陸海軍は太平洋の西に追いつめられていて、艦隊も航空部隊も、米軍とまともに戦うことができる能力を失っていた。南西太平洋連合軍総司令官のマッカーサー米陸軍大将は、この月二十日に、ついにフィリピンのレイテ島に上陸した。

この上陸部隊の輸送船団を攻撃するため、日本海軍は、戦艦「武蔵」「大和」をはじめ残存の正規空母一隻、改装空母五隻をすべて作戦に参加させた。しかし結局、まったく目的を達成できずに敗退した。

このころ米軍の航空母艦総数は正規空母だけで一〇隻を超えており、改装空母、護衛空母は一〇〇隻近くに達していた。このフィリピンの戦場に現われたものだけでも、正規空母八隻、巡洋艦などからの改装空母八隻、商船改造の護衛空母が一六隻であった。日米の戦力格差は歴然としている。

そのうえ日本は、空母に乗せる飛行機と搭乗員を補充することができず、改装空母二隻は、飛行機を載せていない旧式戦艦としてこの作戦に参加していた。そのほかの空母には、未熟な搭乗員が操縦する飛行機を定数未満の少数だけ載せていたので、米空母機動部隊と決戦をすることなど思いもよらなかった。

この方面の艦隊指揮官は小沢治三郎海軍中将であった。彼は、このような空母部隊を、米機動部隊を惹《ひ》きつけるための囮《おとり》として使い、そのあいだに戦艦部隊を、連合軍輸送船団の攻撃に向ける作戦を考え出した。この囮作戦は、米空母機動部隊の攻撃を吸収することには成功した。しかし、戦艦部隊が輸送船団の攻撃に失敗し、空母四隻と戦艦「武蔵」などを失っただけの結果に終わった。

一方、陸上基地から発進する海軍基地航空部隊は、やはり飛行機の数が少なく搭乗員の能力も低かった。これは陸軍航空部隊も同じである。この条件の中で効果的な航空攻撃をするには、体当たり特別攻撃しかないというのが、現地の第一航空艦隊司令長官大西瀧治郎海軍中将の考えであった。

大西は、レイテ島をめぐる攻防の中で、初めて神風特別攻撃隊を編成し、敵の正規空母三隻を撃破したほか、護衛空母その他を撃沈したり、大破させたりした。特別攻撃の初期の命中率は、六〇パーセントという大きな数字であった。

陸軍も、海軍のこの攻撃成功を知ってから、体当たり特別攻撃をはじめた。しかし、艦船攻撃に不慣れなこともあって、最初は、海軍ほどの成果はあげられなかった。陸軍機の操縦者はもともと、海上を飛ぶ航法に慣れていない。そのため、海上遠くに進出して敵艦船を攻撃する場合は、敵艦船を発見できないことも多かった。天候が悪いときはなおさらだ。

陸軍では重爆撃機のような大型機は、普通は七、八名の空中勤務者を乗せて飛行する。だが、特別攻撃のときは、操縦者だけが乗りこんでいた。そのため操縦者に多くの負担がかかり、攻撃をいっそう難しくしていた。

海軍の中、大型機は、航法や通信を担当する兵を乗せていて、それなしに飛行するようにはできていない。したがって、特別攻撃のときも二人乗りの場合が多かった。悪天候の中を飛行する場合の攻撃成功率は、それだけ高くなる。

体当たり特別攻撃は、航空に限らずあらゆる場面で行なわれ、一応の成果を得たので、その後の日本軍の、作戦の主流になった。航空機だけでなく、モーターボートによる水上特攻や人間魚雷回天の攻撃も行なわれ、地雷を持って戦車に突入することまで行なわれていたのである。

五航艦司令長官・宇垣纒中将

レイテ島からミンドロ島、ルソン島とつづくフィリピンの作戦で、大西中将の第一航空艦隊は一〇〇機足らずを残すだけになり、台湾に移った。同じようにフィリピンで戦った陸軍の第四航空軍も壊滅状態になり、残った飛行機や空中勤務者は、航空軍としては解体された。残った飛行機や空中勤務者は、内地や台湾に移された。

こうしてルソン島の戦闘がほぼ終わった昭和二十年一月末には、大本営は、本土決戦とその前哨戦に関心を移していた。特に、前哨戦の台湾または沖縄での作戦に、戦争の重点を移しつつあったのである。

陸軍にはまだ地上部隊が残されているので、最後の決戦場が本土だとする考えをするのは当然であろう。しかし、海軍は主力艦のほとんどを失っていたので、残された基地航空部隊の全力を、台湾あるいは沖縄で起こると予想される次の作戦につぎこむことを検討するようになった。その作戦の過程の中で、何とかして講和の機会を掴《つか》もうというのである。

残された海軍航空戦力は、第三航空艦隊および第五航空艦隊の各五〇〇機と第一航空艦隊の残存機であった。これを総動員して通常攻撃と特別攻撃を併用すれば、機会が出てくるかもしれないというはかない望みがあった。そのほかにモーターボートや特殊潜航艇、人間魚雷などによる特別攻撃も、もちろん行なう。

陸軍航空部隊は、この時期になってもまだ、歩兵による地上戦闘の、支援部隊としての地位しか与えられていなかった。そのため本土決戦以前に、台湾または沖縄の戦闘に全航空戦力をつぎこむ決心はできていない。やがて始まる沖縄決戦では、陸軍と海軍の作戦にたいする意識に相違があった。

日本本土では、フィリピン方面の戦闘が激しくなったころから、米陸軍のB29戦略爆撃機による空襲が盛んに行なわれるようになっていた。中国からのものもあるが、サイパン島などマリアナ方面からのものが増えた。マリアナを米軍が占領したので、そこを爆撃機の基地として整備し、東京方面の空襲を行なうようになったからである。こうなると日本は、本土の防空にも力を入れなければならず、飛行学校を飛行師団に編成替えするなどしてようやく、B29爆撃機の迎撃を行なっていた。

そのような中で大本営は、三月十四日の通信情報（敵の通信状況の分析）で、米空母機動部隊が南洋群島のウルシー環礁を出発した徴候をつかんだ。行き先は九州方面であろう。

鹿児島県の鹿屋海軍航空基地の部隊は、十七日にこのことを知った。ここに展開しているのは第五航空艦隊で、司令長官は開戦時に連合艦隊の参謀長であった宇垣纏海軍中将である。彼らは米機動部隊を迎え撃たなければならない。そのため、にわかに部隊の動きが激しくなった。

「索敵機による哨戒を開始せよ。場所はQ海面（沖縄と小笠原の間）。A配備（攻撃配備）につけ」

すぐに命令が飛んだ。

この日、陸軍の九州沖縄方面の航空作戦を担当する陸軍第六航空軍司令官菅原道大中将は、鹿屋基地に宇垣中将を訪ねた。この方面の作戦で、協力をしなければならない相手だからである。ここで機動部隊の接近情報を知らされた菅原中将は、すぐに自分の司令部がある福岡に連絡をとった。

鹿屋基地には陸軍の4式重爆撃機二個戦隊も展開していて、海軍の指揮下で艦船攻撃を行なうことになっていた。海軍航空戦力が低下していたので、大本営で陸海軍が相談して、陸軍機に魚雷を装備できるように改装し、艦船攻撃に加わらせることにしたのである。逆に海軍の戦闘機部隊を陸軍の統制下に置いて、防空のための迎撃をさせることもしていた。戦争末期になって陸海軍は、必要に迫られてお互いの関係を密にしていた。

菅原中将はその日、都城の航空通信部隊の演習を視察し、そのまま都城の旅館に泊まった。演習は、新しい防空体制になったので、関係部隊の連絡が円滑に行なわれるようにするための全国的なものである。

翌十八日未明に、突然、サイレンが鳴り響いた。菅原のもとに副官が駆けつける。

「閣下、空襲警報です。避難してください」

「うん、大丈夫だろう」

菅原は慌てずにコートを羽織って、上空を眺めている。

そのうちに十数機の米艦載機が、都城飛行場に来襲した。「カタカタ」と、対空機関銃の銃声が響いてくる。

まだ飛行機による迎撃態勢ができていない飛行場では、対空火器が活躍していた。そのうち、敵機に銃撃された燃料貯蔵所で火の手があがった。だがまもなく、「やったぞー」と、歓声が挙がる。敵機が火を吹きながら、山林に激突した。

米軍機のこのような活動の中で第五航空艦隊は、鹿屋東南東五〇〇キロメートル付近で発見した米空母機動部隊三群を攻撃した。艦上爆撃機彗星と零式戦闘機による特別攻撃も含み、一〇〇機以上が攻撃をして、空母フランクリンを大破させ、別に四隻の空母を小破させている。

しかし空中戦では、撃墜するよりも撃墜されるほうが三倍も多かった。零戦の空中での喪失は、六〇機を超えた。

翌三月十九日の夜は雨になり、敵味方ともに一休みの状態になった。この時期は低気圧と高気圧が交互に通過するので、雨だけがつづくことはない。

つぎの日はもう晴れ上がった。第五航空艦隊は、鹿屋以外の九州各地からの飛行機も入れて二十日、二十一日と攻撃を継続したが、撃墜される機数が多いので、出撃機はしだいに少なくなった。そのため戦果にも見るべきものがなくなった。特に人間爆弾桜花を1式陸上攻撃機に抱かせて特別攻撃に出したものは、母機がすべて撃墜されてしまったので、まったく戦果がなく、この兵器への信頼が失われた。

このような戦闘がはじまったので大本営は、三月二十日の零時から、陸軍の第六航空軍を南西諸島方面の戦闘に関して、海軍の第五航空艦隊司令長官の統制下に置くことを指令した。この時点で五航艦の保有機数は一〇〇機に減少しており、現有約二五〇機の六航軍を合わせても、十分の兵力ではない。陸海軍を統一した行動なしには、作戦が成り立たない状況になっていた。

米機動部隊の航空母艦は、正規空母で一隻あたり約八〇機を載せている。正規空母八隻、改装空母八隻がそろうと、一〇〇〇機近くになるので、日本が陸海軍統合運用をしても、太刀打ちできない。おまけに米軍側には、連合軍として英機動部隊も加わっていて、空母四隻で約二五〇機を搭載していた。

このような大兵力に対抗するためには、陸海軍が統合運用をして特攻作戦をするしか方法がない。しかし、レイテ島で初めて航空特攻をしたときと違い、連合軍側も対抗策を進歩させていた。機動部隊の前方にレーダーピケット艦として駆逐艦を多数配置し、その情報で早めに直衛戦闘機を発艦させておく。各艦はお互いに支援できる態勢で、上空に火網を形成する。攻撃されたときの操艦法についても、どうすれば体当たりされにくいかの研究が進んでいた。

そのため特攻命中率は低下して一五パーセントぐらいになっており、後には五パーセントぐらいまで低下した。熟練した操縦者であれば、普通の攻撃でもこのぐらいの命中率を得るのは容易だが、その熟練者がいなくなっていたので、特別攻撃をつづけるほかに方法がなくなっていた。

その後、陸海軍ともに飛行機や操縦者の補充はあったが、多いときでも合わせて四〇〇機ぐらいの兵力では、特攻作戦を主体にする攻撃をつづけるほかはなかった。そのうえ全体の半数を占める特攻機は、しだいに練習機や水上偵察機など、速度や爆弾搭載量が小さいものになっていった。飛行機も操縦者の技量も良くなく、相手は対抗措置を強化している状況で、最後に残された反撃手段の特別攻撃も、効果が薄くなっていったのはしかたがなかった。

さて、このような状態で、連合軍は三月二十六日に、沖縄の慶良間諸島に上陸をはじめた。

日本の連合艦隊は、これにたいして天一号作戦を発令し、特別攻撃を含む航空兵力による総攻撃をはじめた。

五航艦司令長官が陸軍六航軍を作戦について統制することはつづけられ、海軍機は空母機動部隊の攻撃を主とし、陸軍機は輸送船とその護衛艦艇を攻撃目標にすることが合意された。航空特攻のとき、陸軍戦闘機が海軍機を護衛し、あるいはその逆をすることがあることも合意され、五航艦司令長官が統制をした。

こうして、可能な限り効率的な特攻作戦をすることに心がけたのであるが、連合軍の大部隊を攻撃することはなかなか難しい。米英機動部隊だけで艦数は一〇〇隻を超える。護衛部隊や支援部隊は合わせて二八〇機以上、輸送船は四三〇隻である。その他の艦船を合わせて総計で、一三〇〇隻という大軍は、特攻初期の命中率六〇パーセントを維持していたとしても、撃滅不可能であった。

戦果は、特別攻撃による沈没艦船が二六隻、損傷艦船が一六四隻であった。沈没したのは小型のものばかりである。

昭和二十年三月二十六日、第五航空艦隊は天一号作戦による特別攻撃を開始し、いくらか戦果があった。しかし翌日の鹿屋は雨であり、索敵をすることが難しかった。戦艦、巡洋艦の部隊を発見してなんとか攻撃したが、空母機動部隊を発見することはできなかった。

沖縄より北が雨のときは、南は好天のことがあるが、この日、台湾や台湾に近い沖縄南部は、攻撃が可能な天気であった。連合艦隊の指揮下にない台湾の陸軍第八飛行師団は、特攻の誠第十七飛行隊六機を、石垣島から発進させ、慶良間諸島付近の空母群に突入させている。これが陸軍航空の、沖縄戦での特攻第一号になった。

この特攻部隊指揮官の伊舎堂用久大尉は、陸軍士官学校出の正規将校で、石垣島の出身であった。彼の特攻発進を手伝い、見送った兵士の中に、島内で臨時に召集された防衛隊員たちも多く混じっていた。いっしょに突入した部下たちは、沖縄出身ではない。特攻待機中のある日、伊舎堂は、部下たちに呼びかけた。

「オイ、今日は俺の実家に連れていってやろう」

「ハイ、隊長、ありがとうございます」

五人の部下特攻隊員たちは、石垣の町中にある彼の実家に行った。

とつぜんの訪問に、庭でキセルをくわえていた伊舎堂の父は、息子の後ろにいるのはその部下であることを察して、すぐに家の中に導き入れた。

「皆さん、よくいらした。どうぞ中へ」

「今日はご馳走をしてもらうから、皆、遠慮せずにのんびりしてくれ」

久しぶりの親子の対面だが、息子よりもその部下たちをもてなすほうが先だ。さっそくとっておきの泡盛の古酒がだされた。

母や姉妹たちもいそいそと台所に立つ。用久の好物である青海苔のアーサ汁やスシが作られた。そのうちに、近所の人たちも集まって宴会になり、サンシン（三味線）に合わせて、カチャーシーを踊るものもでてくる。

沖縄に向け台湾から特攻出撃する誠隊。手前は第８飛行師団参謀

隊員たちは出撃前のひとときを、楽しく過ごすことができた。石垣島は、那覇のように空襲で町が焼ける被害は、まだでていなかったので、いくらか精神的にも余裕があった。彼らが出撃した二十七日は、沖縄方面は快晴であった。石垣島白保飛行場周辺に分散掩蔽されていた特攻機（99式襲撃機）は、星空の下で滑走路に並べられた。掩護の戦闘機（３式戦）も投弾できるように、爆弾を装備している。

やがていっせいに離陸した特攻機は、低空飛行で慶良間諸島に向かった。距離は三〇〇キロメートル余なので、鹿屋からの半分である。これなら航法を誤ることもない。ようやく明るくなりはじめた水平線上に、敵艦の姿を認めた隊員たちは、まっしぐらに突入していった。

この日の夕方、やはり第八飛行師団の一一機の特攻機が同じように突入したが、九州方面からの攻撃はなかった。鹿屋の特攻隊は、天候が悪いせいもあったが、それだけでなく十八日からの米機動部隊の空襲に対応したときに兵力を使い果たして、いよいよ沖縄上陸が始まったときに、攻撃の余力を残していなかった。

九州の陸軍第六航空軍は、特攻兵力の集中展開が終わっていなかったので攻撃に加わることができなかった。天候と兵力と両方が好条件になければ攻撃ができないのが、航空特攻の弱点であった。

ようやく準備ができて、九州方面からの本格的な航空総攻撃がはじまったのは、四月六日であった。米軍は四月一日に嘉手納《かでな》海岸に上陸していた。彼らは上陸すると二、三日後に、日本軍の二つの飛行場を使えるようにしていた。対応準備ができている敵を攻撃するのだから、日本軍のこの航空攻撃開始は、時期が遅すぎた。

天気が良く、米軍が上陸する直前直後の態勢が固まっていない時期に、本格的な特攻作戦が行なわれていれば、日本軍の沖縄戦最初の戦闘態勢は、いくらかは有利になったと思われる。現実には、四月一日の上陸日に米軍の上陸をさまたげた日本軍の航空攻撃は、人間爆弾桜花三機の特攻と少数の海軍機による通常攻撃だけであった。

それでも総攻撃日の六日の沖縄現地は、特攻の攻撃日和であった。上空に雲はあったが、攻撃にさしつかえることはなく、波も穏やかであった。ただ揚子江河口あたりに低気圧が発生しかかっていて、そこから前線が南方にのびていたのでその影響があった。

そのため南九州から沖縄に入るところまで雲が多く、飛行に難しいところがあった。しかし、総攻撃なので先導機もついており、雲に隠れて敵に接近するという意味では、むしろ良かったといえるかもしれない。

初日に四個師団五万人を上陸させた米船団は、その後も兵員と資財物資の揚陸をつづけていて、日本軍が空船を攻撃しても意味がない状態になりつつあった。だが、そのようなことは言っていられない。この日だけで陸海軍合わせて二八〇機以上の特攻機が、敵艦船に突入していった。

海軍機は、輸送船団ではなく空母機動部隊を狙う。機動部隊は沖縄本島からやや北上して、奄美大島の南方にいた。この付近は雲が多く、海上の視程も悪い。そのため早期に基地を出た索敵機が、機動部隊を発見したのは九時ごろであった。

空母一二隻の米機動部隊にたいして、発見報告を受けた五航艦、十一航艦から、艦上爆撃機彗星など特攻機一〇九機が突入している。十航艦の99式艦上爆撃機など九五機の特攻機は西に大きく迂回して、沖縄本島付近の艦船を攻撃した。

陸軍の六航軍特攻機五四機と第八飛行師団の特攻機二八機は、沖縄本島周辺の艦船攻撃を行なった。

また、この作戦のために、陸海軍戦闘機の一〇〇機以上が、直接間接に、特攻機を援護した。

この日は、三月二十七日の石垣島や台湾からの特別攻撃の日と違って、台湾方面は寒冷前線の影響を受けていた。そのためここからは、攻撃に加わることが難しかった。少数の海軍機が、台湾の南部の台南や新竹から発進しただけであった。台湾に本拠がある第八師団の特攻機で作戦に加わったものがあるのは、まだ台湾まで前進できずに、九州方面に残っていたものが突入したのである。

この総攻撃の結果、米艦隊は沈没六隻、損傷二〇隻の被害を出した。沈没したのは駆逐艦以下の小艦船だけで、日本側は、二〇〇機以上を失って、ますます攻撃力が低下した。

この翌日から天気は悪化した。揚子江河口あたりで成長した低気圧は、東進して九州から沖縄にかけての広い範囲に雨をもたらす。その前後の二、三日は天気が悪い日がつづくので、前線上に積雲が発生し、その中を飛行するのは危険になる。

可能な限りの大きさの爆弾をぎりぎりまで積んで飛ぶ特攻機は、前線の中の乱気流に弱い。もみくちゃにされて上昇したかと思うと、つぎはどーんと、一〇〇メートル以上も下に落とされる。雲の下に出ると雨が降っており、視界が悪い。

何よりも恐ろしいのが、白一色の雲中飛行になって、飛行機の姿勢が分からなくなることである。そのために墜落した飛行機は多い。計器飛行ができる能力を持っていれば、雲中飛行ができるのだが、操縦技量が未熟な当時の操縦者に、その期待をすることはできなかった。特に陸軍機は、操縦者が目で地上を見ながら飛ぶのが普通である。誘導機をつけてもらっていても、陸軍特攻機は、雲が多い空域を飛ぶのに苦労しなければならなかった。

海軍では、索敵機で敵機動部隊を捜索すると同時に、空域の気象偵察もする。攻撃機はその情報が入ってくるまで、地上で待機するのが普通である。

米機動部隊は、沖縄本島への上陸作戦が終わってから現地を離れて移動していたので、索敵機が機動部隊を発見するまでに時間がかかった。それだけでなく発見してからも、気象条件が悪い海域で攻撃をすることになり、攻撃が難しかった。また索敵をしているうちに、攻撃機の発進基地の天気が悪くなり、せっかく敵を発見したのに、攻撃機が発進できないという状況も起こった。

沖縄戦のように陸地に近い広い空域で航空作戦をするときは、戦域全体の気象状況が変化し、それが場所によって違うので、時間的にも空間的にも、広い範囲にわたる気象観測と、気象予報が必要になる。それも地上海上から一万メートルの高さにおよぶ、立体的な観測資料と予報が必要になるのである。

当時の陸海軍航空部隊は、主要飛行場に気象観測班を置き、風船を飛ばして、立体的な観測をすることもはじめていたが、米軍ほどではなかった。

米軍は沖縄から九州にわたる全域の天気図を、日本軍よりも精密に描き出していた。そのためにラジオゾンデと呼ぶ風船に、観測機材を載せたものを放流し、通信機で自動的に観測資料を送信するものを実用化していた。日本にも同じようなものがないではなかったが、器材が故障がちで、経費のうえで使用が制限されていた。観測班が、観測資料を中枢に送る通信機さえ十分でなかったので、望ましい天気予報ができるわけがなかった。

雨天に沈没した「大和」

天気が悪くなった七日も、特攻作戦はつづけられたが、出撃したのは、陸海軍合計で一〇〇機にも満たなかった。そのうえ、特攻機とは別の飛行場から発進する予定の掩護戦闘機が、その飛行場の天候不良のため発進できなかったり、悪天候のために途中から引き返す特攻機が出たりして、大きな戦果は見られなかった。

この日の攻撃後、九州上空から台湾まで前線上の雲に覆われ、十一日まで航空作戦ができない日がつづいた。そのため、四月十日に予定されていた第二回目の航空総攻撃は、前線が通過して晴れ間が見えるようになった十二日まで延期された。

四月七日は、水上特攻として戦艦「大和」が沖縄に向けて航行中に、屋久島西方約二〇〇キロメートルの海上で沈没した日である。「大和」は約三八〇機の米機動部隊航空機の攻撃を受けて、なすこともなく沈んだ。この日、航空艦隊は、朝のうちだけ「大和」の上空直掩機を出していたが、それ以上は、航空総攻撃の関係もあってむりであった。

「大和」の上空は雲量一〇の、時おり小雨がぱらつく曇りであり、雲の隙間を縫うようにして降下してきた雷撃機や爆撃機が攻撃をした。

これが前日の六日であれば、米機動部隊を攻撃する特攻機や掩護戦闘機が出ており、これだけ多くの航空機が「大和」攻撃に向けられることはなかっただろう。逆に「大和」の出撃がもう一日遅ければ、雨天の中を沖縄に向かうことになるので、米機動部隊の攻撃は制約を受けたであろう。現在のように天気予報の精度が上がっていれば、「大和」も出撃日の調整をすることができたかもしれないが、現実はそうではなかった。

「大和」は沖縄守備の地上部隊、第三十二軍の総攻撃日に合わせて行動する予定で出撃した。そのことも出撃日を変更できない理由になっていた。

第三十二軍は結局、その日の総攻撃を取りやめているので、これにこだわる必要はなかっ

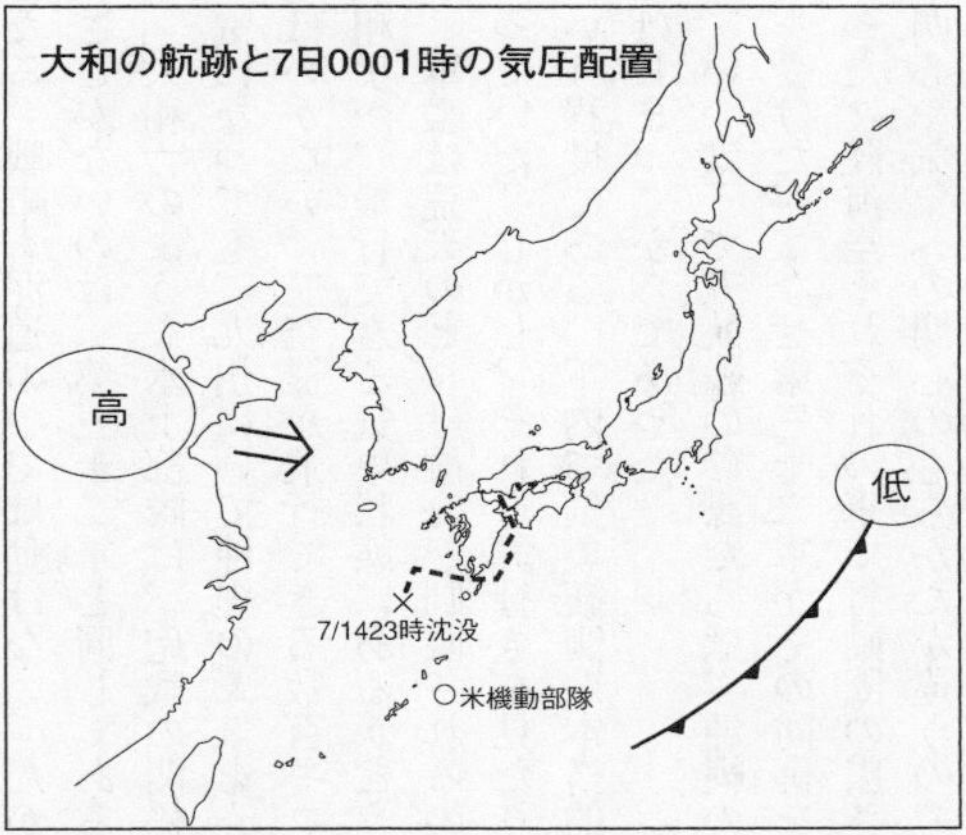

たのだが、遠く離れた地で、それも陸軍と海軍という別の組織の中で、意思疎通を図るのは難しかった。だいたい「大和」は、同じ海軍内の五航艦との連携さえ、あまりうまくいっていなかったのに、第三十二軍と連携をして総攻撃をするのはむりである。そこに天気という不確定要素が判断決心に影響するのだから、出撃日を調整することはできない相談であった。

ここで陸海空それぞれの戦場に、気象状態が影響する度合いを考えておこう。

第三十二軍は地下陣地に入っているので、天候のことはあまり気にする必要はない。雨天のときは視程が悪いので、艦砲で射撃されたり、航空攻撃を受けたりすることが少ないというていどの認識はあったろう。しかし九州の天候が、味方の航空機が艦船攻撃のために発進するのに適当かどうかというようなことは、直接、自軍の戦闘に影響することがないので、関心が薄かったのではないか。参謀長や作戦主任が、それを気にしていた様子はない。

後述のように、攻める米地上部隊は塹壕生活をしなければならないので、現地の天気が気になる。戦車も泥道の中では動けない。だがそのために、はるか彼方の九州の天気を気にすることがないのは、第三十二軍と同じである。

「大和」のような水上部隊は、砲戦の関係から四、五〇キロメートルぐらい先までは天気が気になっても、九州にいて沖縄の天気を心配することはあまりない。空母機動部隊だとそうはいかない。航空機が飛行できる数百キロメートル先の天気を気にする。自分だけではなく相手が、飛行できる気象状態にあるかどうかを考えなければならない。

軍艦は荒天のときは航海が制限されるので、海軍は比較的古くから、気象観測に関心を持っていた。しかし、それも雲行きを見たり、風向・風速を計ったり、気圧の変化を見たりという程度である。軍内で気象観測が本格的に行なわれるようになったのは、航空機の運用がはじまってからであった。

いっぽうで五航艦の参謀たちは、沖縄の北・中両飛行場を米軍が占領したことにショックを受けたが、なぜ第三十二軍がその防御を最初から放棄したのかを理解することはできなかった。陸海空それぞれの軍で行動圏の広さや作戦の態様が異なるので、他軍の戦闘状況への関心や気象への関心のもちかたが違うのである。

大本営で陸軍は、沖縄作戦を本土決戦の前哨戦と捉えていたが、海軍は最後の決戦と捉えていたことも、このようなことへの関心の相違になって現われた。これはひいては、気象の観点からの見方の相違や、関心の強さの相違にもなって現われる。

前哨戦であれば、できるだけ時間稼ぎをして、本土に米軍がやってくる時期を遅らせばよい。それが飛行場放棄の作戦方針につながり、主陣地で、米地上軍をできるだけ長くくい止める第三十二軍の作戦になった。同じ守備隊でも、沖縄特別根拠地隊を主力にした海軍陸戦隊は、那覇小禄の海軍飛行場周辺に陣地を構え、最後までここで戦っている。

第三十二軍は、飛行場を放棄してしまえば気象観測への関心が薄れる。気象関係者は北・中飛行場から首里に引き揚げてからも、気象観測の努力をつづけたが、参謀たちに期待される存在ではなくなっていた。

陸軍中央部は前哨戦の沖縄で、特攻隊を消耗してしまうことは考えていなかった。そのため六航軍の特攻機展開が遅れ、米軍の上陸時に間に合わなかった。第三十二軍は展開の遅れを知って、敵に利用されるよりはと、伊江島飛行場を早めに自分の手で破壊してしまったし、北・中飛行場についても、味方機が利用できるように最後まで確保しようとする意思をもたなかった。

雨と霧の地上戦闘

五航艦司令長官宇垣中将は、『戦藻録』と名付けた戦時日誌を残している。昭和二十年四月十日の日誌に、「鴬の音も湿りけり雨三日」「春雨に飛行機濡れて憩うかな」と、自作の句が記されているが、雨で攻撃ができない内心のいらだちを表わしているといえよう。

この翌日、九州の雨はあがり、沖縄の天気も回復したので、航空特攻が発動された。台湾はまだ天気が悪かったので、台湾の部隊は攻撃に加わっていない。

このとき沖縄の北・中飛行場に米軍機が進出しているのが分かったので、夜に入ってから、陸軍重爆撃機隊が通常攻撃をした。特攻は前回同様に行なわれたが、兵力が減少しているので、効果は小さい。

特別攻撃はその後五月の末まで、計一〇回にわたる総攻撃の形で行なわれた。だが、四月下旬から天気は雨がちになり、沖縄は雨期に入ったので、特攻作戦は、雨が止んだ晴れ間を縫うようにして行なわれた。

例年だと沖縄は、四月いっぱいは好天がつづく。四月の初めにはシーミー（清明祭）があり、大型の共同墓の前に門中と呼ぶ一族が集まって、先祖供養と懇親会を行なう。この年も戦火の中で行なった人々がいるほど、大事な祭りであった。

シーミーが行なわれている墓地の周辺に、真紅のデイゴの花が咲き乱れているのは絵になる風景だが、この年の嘉手納辺りでは、戦火に吹き飛ばされた木株から、緑の芽吹きさえ見られなかった。

四月中旬には米地上軍は南下して、現在の普天間飛行場あたりに迫っていた。当時ここには飛行場はなく、砂糖黍畑が広がっているだけである。このあたりの断崖を利用して日本軍は、主陣地を堅固に構えていた。陣地は、特攻隊が米艦船群に突入していくのが見える位置にある。しかし、雨天の中では特攻機は飛ばないし、仮に突入しても姿を確認することはできない。

米歩兵師団はこの陣地の攻撃にかかって、ようやく日本陸軍の手強さを知った。特に嘉数《かかず》の高地は米軍が四月十日、十一日にわたり戦車をともなう攻撃を加えたが、日本軍の迫撃砲および大砲の集中射撃と機関銃弾の雨のために攻撃が中断した。小雨が降っていたが、砲弾の熱が雨を蒸発させてしまうほどであった。

沖縄戦—— M4 戦車をおしたて、日本軍トーチカを攻撃する米軍

日本軍は善戦したが、最後は物量が豊富な米軍に、少しずつ陣地を蚕食されていった。四月十五日ごろ、日本軍第六十二師団の戦力は、最初の半分以下になっていた。そのため戦線を縮小しなければならなかった。

そのうちに五月になり、完全な梅雨空がやってきた。梅が実るわけではないし、雨の降りかたもスコールをともなう亜熱帯性のものなので、むしろ雨期というべきだろう。

五月二日、雨は土砂降りになった。歩兵部隊と交替して攻撃位置についた米海兵師団は、雨の中を那覇に迫りつつあった。

「ごーん、ごーん」という砲弾の爆発音だけが響く中を、海兵隊兵士は、タコ壺（個人用塹壕）から飛びだして前進しようとするが、とたんに日本軍の機関銃に射すくめられ、タコ壺に戻る。飛びだした一人が泥水に足を滑らせて、斜面を転がり落ちる。そこに銃弾が集中して、そのまま戦死した。

タコ壺の中は胸まで水だ。水が増えてきたので首をあげると、今度は銃弾が飛んでくる。海兵隊の兵士たちは、雨水の中でアップアップしながら、亀のように首を伸ばしたり、縮めたりしていた。

こういうとき戦車がいてくれると助かるのだが、戦車も泥水の中で滑って動けなくなっていた。それこそ泥亀になっていたのである。

そのうち後退命令がでて、米兵たちはようやくの思いで、後方に集結した。担架兵が負傷者を後送しているが、血糊で担架兵も負傷者も真っ赤になっている。雨が血を拡散しているのだ。米軍の雨中の攻撃は、失敗であった。

その中で今度は日本第三十二軍が、五月三日から四日にかけて総攻撃を行なった。那覇および与那原で大型発動艇や特攻用モーターボート、工兵用の小舟、地元くり船のサバニに九〇〇名が分乗する。闇にまぎれて海上を移動し、米軍の後方に逆上陸して、背後から米軍を攻める計画である。同時に正面でも総攻撃を行なう。

計画どおり船に分乗した挺身戦隊と船舶工兵連隊の九〇〇名の兵たちは、夜が明ける前に、米軍の背後近くまで海上を進出した。しかし、そこで敵に発見された。

「カタカタ」という米兵の機銃音が、日本軍陣地まで聞こえてくる。やがて「ガーン」という音も加わり、逆上陸部隊が砲撃されているらしいことが分かった。

もはや躊躇している場合ではない。日本軍は全戦線で攻撃をはじめた。一部の部隊は米軍陣地の中に深く突入したが、孤立してしまった。逆上陸部隊もわずかの兵が上陸に成功して斬り込み攻撃をしたが、ほとんどが戦死した。このときまで二十数両あった戦車も破壊されて、六両を残すだけになった。

この総攻撃で日本軍は戦力を消耗し、主陣地を守ることが難しくなって、少しずつ後退を重ねるようになった。いよいよ軍司令部がある首里が危なくなったのである。

この総攻撃の計画のとき、第三十二軍の長勇参謀長は、「当日の予報は雨であり、敵の飛行機が飛べないので攻撃は成功するだろう」と、大言壮語していた。勇ましい主張をするのは彼の癖である。

「明日は総攻撃だ。敵の戦車も大したことはない。嘉数では爆雷で多数やっつけてやったではないか」

「準備射撃で敵を痛めつけてから歩兵を突入させますが、砲弾が十分ではないのが心配です」と、作戦主任の八原博通大佐は浮かぬ顔をしている。

「何を不景気な顔をしている。さあ前祝いの一杯といこう」

しかし、参謀長の見込みははずれた。この総攻撃で七〇〇〇名近い損害をだした第三十二軍は、開戦時の四分の一の兵力を残すだけになり、戦線を縮小したのである。参謀長が関心をもった天気は、ぐずつき気味であったが、飛行機の活動を完全にさまたげるほどではなかった。

当時、陸軍の気象隊は首里の石嶺にあり、本部要員に北・中飛行場から撤退してきた観測班も加わって、細々と気象観測をつづけていた。特攻作戦用に、現地の気象データを必要としていたからである。何とか天気図を描き、不完全ながら天気予報をする能力もあった。しかし、「総攻撃時は雨天」だとしたこの予報は当たらなかった。

気象隊に、沖縄地方気象台の職員たちも軍属として加わっていた。二十数名もいる。

沖縄地方気象台は、那覇市の南のはずれ、ガジャンビラと呼ばれる高台にあった。米軍の上陸時に最小限の六人だけが残って、福岡へのデータ送信に当たり、ほかの職員は、石嶺の気象隊と那覇小禄の海軍飛行場の軍属として気象業務をすることになった。海軍に所属したのは四名である。

石嶺の気象隊は臨時のものであり、観測器材がそろっているわけではなく、地下壕で仕事をしていた。観測時間になると、目視で雲量、雲高を測り、空中に垂らしたひもの動きを見て、風向・風速を知るという原始的な方法に頼っていた。それでもデータが、ないよりはましである。

この気象隊はもともとは、台湾の第八飛行師団第十野戦気象隊の中隊として、米軍の上陸直前に編成されたものである。それ以前の沖縄に気象隊がなかったわけではなく、陸軍飛行場に観測班が派遣されていた。それが気象中隊の一部になり、飛行場を引き揚げてから臨時に、石嶺で観測業務に当たっていたのである。中隊本部もあるので、総員数は一〇〇名を超えていた。

これとは別に石垣島、宮古島と鹿児島県の徳之島にも、航空気象の陸軍観測所が設けられていて、少ないデータを苦労して台湾や福岡に送っていた。このようなデータを総合して、那覇でも天気図を描くのだが、送受信機がよくないので、正しいデータを手に入れるのがまた一苦労であった。これでは予報も不正確にならざるをえない。

海軍の沖縄方面気象観測所は六〇名で編成され、本部は那覇小禄にあったが、ほかに小禄飛行場、宮古島、石垣島、奄美の喜界島、南大東島にも観測所があった。各島の所員はそれぞれ五、六名であるが、少なくとも一五〇名以上で編成されている分遣隊の一部になっているので、生活に困ることはない。

小禄の勤務者たちは、戦闘がこの方面に及んでからも可能な限り観測をつづけ、観測データを鹿屋などに送り続けた。航空機の運用は、気象データなしには行なえないことを認識していたからである。

さて沖縄の地上戦は、雨期の間も止むことがなかった。五月二十一日から降りだした雨は特に激しく長くつづき、戦場を沼に変えた。戦車はまったく動きがとれなくなり、攻める側の米軍の足どりが鈍った。塹壕生活をしている米軍歩兵兵士たちは、睡眠がとれないだけではなく、輸送補給が途絶えたために食糧に困ることさえあった。

こうなると病人も増えてくる。米軍は特に衛生状態に気を遣うが、それでも伝染病やマラリアの発病者が増えた。水に浸かりっぱなしの足は靴の中でふやけたり、炎症を起こしたりした。中には気がおかしくなるものもでてくる。

「あれー、キャシィ待っていたよ」

戦闘中におかしくなって、隣の戦友に抱きつくものがいたりする。倒れている日本兵に何発も弾を撃ち込み、あげくの果ては、銃床で何度も殴りつける米兵もいる。

「おい、死人を相手に何をしている。ヤメロッ」

強くいわれて、ようやく我に返る。雨の戦場はまさに、泥地獄であった。

こうした中で首里の第三十二軍司令部は、しだいに米軍から包囲されつつあった。もはや陣地を守ることはできない。雨を利用して後方に撤退することが検討されていた。航空特攻も終わりが近くなっていて、陸軍第六航空軍は五月二十八日から、海軍の指揮下を離れることになっていた。

撤退作戦は昔から、難しいといわれてきている。敵が気づいて追撃してくると、阻止できずに全軍が崩壊してしまうことが多い。

五月二十五日夜からはじめられた撤退は、幸い米軍に気づかれることなく行なわれた。首里南方四キロメートルにある津嘉山《つかざん》が、最初の段階の収容陣地に指定された。第一線に後衛の部隊を残し、津嘉山で待ち受けている防御部隊の支援の下に、各部隊がまず津嘉山に退却して行くのである。

最初に撤退して津嘉山で防御陣を布いたのは、第六十四旅団であった。二十六日には第六十二師団主力が撤退した。軍司令部はその翌日に撤退した。雨が移動の音を消し、空から発見されることをさまたげた。

しかし夜間の移動は、ぬかるんだ足下が見えないだけに、別の苦労がある。野戦病院に収容されている重症患者は、自力で動けないが輸送する人手も車もない。彼らには毒薬が渡された。中には足が利かないため、手だけを使って這いながら、後方に退却した患者もいた。

「音を出すな。静かに行動せよ」

命令されなくても皆、声を出す気力もないものが多い。「うっ」滑って腰を打っても、うなるだけだ。

疲れ切って撤退した兵士たちは、米軍が南方から上陸してくることを考えて準備していた壕に入った。しかし、そこには先客がいた。地元民たちである。兵士たちは壕から彼らを追い出したとして、その後、永遠に恨まれることになった。

しかし、兵士たちにも言い分がある。住民は戦闘がはじまる前に、戦火が及ばないと考えられていた本島北部の山林地帯に、避難することを呼びかけられていた。だが、避難をいやがってそのまま留まっていたり、あるいは一度は避難したものの、食糧不足などの理由で舞いもどったりした人々がいた。米軍が上陸してから避難することは不可能で、戦禍に巻きこまれて多くの住民が命を失った。

軍司令部は二十九日に、津嘉山から本島最南端の摩文仁《まぶに》に移った。陸軍の各部隊は、糸満から与座岳を結ぶ線より南に移ったが、海軍部隊は、小禄地域に残った。陸海軍の意思疎通が不十分だったためである。一度は後退したのだが、結局、最初の陣地に戻り、そこで戦って散った。

米軍は最初の数日間、日本軍が首里付近の陣地を捨てて後退していることに気づかなかった。雨と霧のためである。雨期末の霧は、偵察機の目から、日本軍の行動を隠してくれた。どうもおかしいと感じた米軍が、二十九日に首里に突入したときは、第三十二軍司令部壕はもぬけの殻になっていた。

これ以後の地上戦は、特にいうべきものがない。米軍の一方的な戦いで島の南端に追いつめられた日本軍は、六月二十三日の、牛島満軍司令官と長勇参謀長の自決で戦いの幕を引いた。雨期は終わり、海だけが青い、戦いで荒れた沖縄の夏がやってきていたときであった。戦いの前までのこの時期は、沖縄の稲作発祥のこの土地に稲がすでに実っていた。その豊穣の土地がこのときから、石灰石に人骨が混じった荒れ地になった。

神風台風とハルゼー艦隊

戦艦ニュージャージーに、護衛の駆逐艦スペンスが右舷から接近してくる。一〇メートルほどに接近してから、並行して南東に走る。左舷側から秒速一〇メートルの風が吹きつけ、そのために起こる三メートルの波のために、駆逐艦の艦首が大きく上下左右に振れる。今にも衝突しそうになるので危ない。

「繋留索渡せー」掌運用長の号令で、両艦のあいだにロープが渡され、まもなく給油用の蛇管が、ロープに結ばれて駆逐艦に渡されてきた。

ともすると、艦首を振られそうになる駆逐艦と、給油をする側の戦艦の間隔が、五メートル以上変動しないように操艦するのは難しい。

「アッ、危ない」駆逐艦がうねりのために大きく艦首を振り、蛇管がはずれてしまった。駆逐艦の甲板には、蛇管からまき散らされた重油が、べっとりと張りついている。二〇分間に給油された燃料の量は、一日分にも満たなかった。艦隊の中でほかでも、航空母艦から、あるいは随伴の給油艦から駆逐艦への給油が行なわれていたが、どこもうまくいっていない。風波があまりに強すぎるからだ。

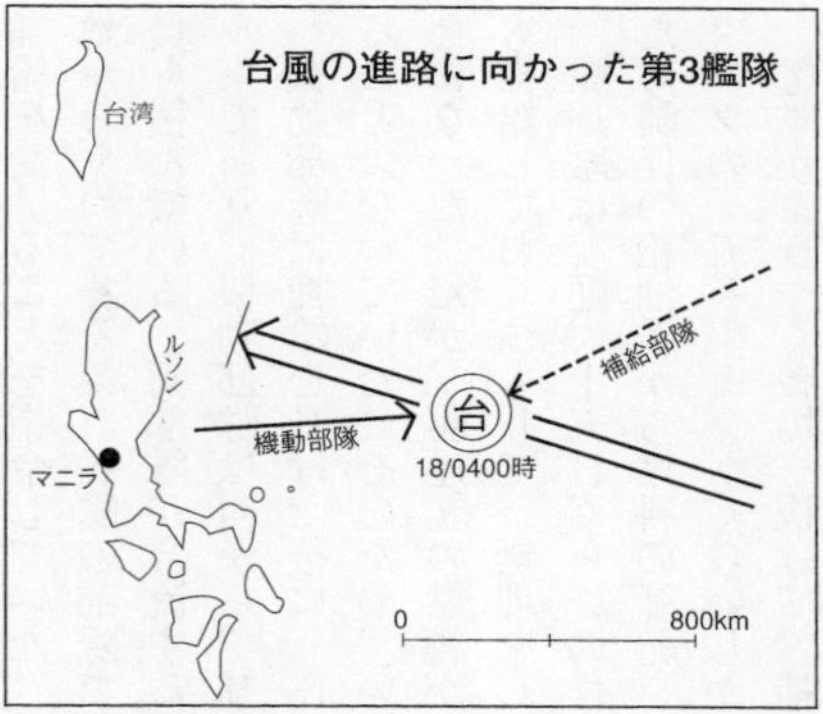

この海面で行動している艦は、マッケーン中将が指揮している第三十八作戦部隊に所属している。この部隊は米太平洋艦隊第三艦隊の空母機動部隊である。時期は沖縄戦の前のフィリピンの戦闘のときで、マッカーサー陸軍大将の攻略戦を支援している最中であった。第三艦隊司令長官ハルゼー大将も、自分の旗艦である戦艦ニュージャージーに乗っており、この給油の状況を見ていた。
ハルゼーは空母機動部隊に、翌日（ハワイ時間で一九四四年十二月十八日）、補給部隊と合流して、洋上

補給を受けることを指令していた。補給部隊はグアムとフィリピンの中間にあるウルシー泊地からやってくる第三艦隊の部隊で、燃料だけでなく食糧や水、補充用の飛行機、交替の人員も積んでいる。両部隊が合流する場所は、フィリピンのルソン島から約六〇〇キロメートル東であり、機動部隊は西から、補給部隊は東から、その場所をめざして航海していた。

機動部隊は補給を受けた後に、ふたたびミンドロ島に引き返してマッカーサー軍を支援することになっていた。そのため、いったん日本の航空機の活動圏外に出て、補給を受けることになった。だが、駆逐艦の燃料が少なくなりすぎたので、大艦の手持ちの分をいくらかでも補給しておくつもりで、無理をして給油をはじめたのであった。

駆逐艦は普通、十五日ぐらいの作戦行動ができる燃料を積みこむのがやっとである。そのため随伴の給油艦から燃料の補給を受けるのだが、その時期が遅くなり過ぎていた。すでにタンクの一五パーセントぐらいしか燃料がなく、二、三日の航海がやっとになっていた。

艦隊がようやく戦場を抜けて、補給可能な海域に来たときは風波が強まっていたので、給油艦からの給油が難しくなっていた。しかし、駆逐艦が大艦の蔭に入って風波を避ければ、給油ができるのではないかと考えてはじめられた行動だったが、結局うまくいかなかった。

機動部隊は、正規空母八隻、改装小型空母五隻、戦艦八隻と、巡洋艦駆逐艦など一〇〇隻近い大部隊である。補給部隊は格納庫に補充用の飛行機も積んでいる護衛空母六隻、給油艦一二隻と護衛駆逐艦約四〇隻である。

両部隊は、その翌日の十二月十八日朝に会合海域に到着し、一部の艦は補給をはじめた。

しかし、このとき風波はいっそう強まり、補給どころではなくなっていた。おまけにこれだけ多数の艦が集まっているのだから、操艦を誤ると、衝突事故が起こる危険がある。

日本近海では、十二月に、艦船が台風の影響を受けることはあまりない。しかし、熱帯地域では東の貿易風が、海流の水温の関係で大気の波動をつくり、波動が熱帯性低気圧に変化することがある。これがさらに発達すると台風になる。

まもなくはじまる沖縄戦のときは天候が異常で、例年より雨期に入るのが早かったことから分かるように、このころ異常気象現象が見られた。そのためであろうが、熱帯付近での台風の発生にも異常が見られた。

ハルゼーが補給場所に指定した海域は、ちょうど発生したそのような台風の、通り道に当たっていたのである。艦隊が悩まされている風波は、台風がもたらしたものであった。

「司令長官、台風について報告します」

第三艦隊の気象長コスコ中佐は、十八日の夜明け前に、ハルゼーのところに行った。戦艦ニュージャージーは一晩中、大きな揺れをくり返し、ハルゼーも熟睡できずに早くから起きていた。

「艦隊はどうも、南東二五〇海里（三五〇キロメートル）付近に目がある台風の進路上に向かっているように思われます」

「台風は、もう少し東にあるというのではなかったかね」

「その後の情報と本艦の気圧計示度の低下状況、また風向が北であることを考えあわせますと、会合地点に到達したときに、ちょうど台風がその近くに来ていることになります」

「よし、参謀長と作戦参謀を呼んでくれ」

四人が集まって相談したが、台風の目の位置をはっきりさせる決め手がないので、なかなか結論がでない。ハルゼーは自分の判断で決心した。

「よし、全艦の針路を一八〇度に変更し、台風をやり過ごそう。補給は延期だ。ただし、駆逐艦への給油は可能なかぎり実施する」

こうして補給艦も含む全艦が針路を南に向け、一部の艦が給油を試みたのである。追い風で給油するのは難しいので、一時針路を北東に変えるなどして給油をしてみたものの、前日に不可能であったことが、もっと激しい風波の中でできるわけがない。風は秒速二〇メートルを超え、波は八メートルに達していた。

八時過ぎに給油作業を打ち切ったときから正午ごろまで、風波は最悪の状態になった。

空母は甲板上に飛行機を載せている。揺れが激しくならないうちに飛行機は、荒天準備の一環でワイヤーとロープを使って甲板にくくりつけられていた。そのうちに風速が五〇メートル以上に達し、波の高さは二〇メートル以上になって、飛行甲板に海水が叩きつけられるようになった。その中で、飛行機の何機かがアッという間に海中に引きこまれた。

格納庫になっている甲板でも、四〇度の傾斜に耐えきれずに繋止ワイヤーが切れ、飛行機が艦の動揺に合わせて移動しはじめた。放っておくと、飛行機全部をだめにするだけでなく、艦の舷側を飛行機が破壊して、艦を沈没させることになりかねない。整備長が大声をはりあげた。

「あの飛行機をつなぎ留めるのだ。早くせよ」

勇敢な整備員が天井から垂れているロープに飛びつき、サーカスよろしく飛行機の残骸の側に降りた。そうして波のために甲板が一方に傾斜しているあいだに、手早く残骸にロープをかけて、どうにか最悪の事態をまぬがれた。

「偉い、よくやったぞ」と、褒《ほ》める整備長のことばも耳に入らず、ロープにつかまった兵は、その場を脱出した。

同じ航空母艦でも商船改造の護衛空母は艦体も馬力も小さく、波の影響を受けやすい。大波で空中に持ち上げられてスクリューが空回りをするかと思うと、つぎは波の壁の底に沈む。速度一〇ノットで航海しているが、艦隊の一五ノットの速度についていけなかったからだ。速度が遅いと舵も効きにくい。あちこちの護衛空母から、舵故障の報告が、艦隊司令部に寄せられた。破壊された飛行機どうしが衝突して、火災になったという報告もあった。

一番大きな被害があったのは、駆逐艦であった。駆逐艦の艦体は二〇〇〇トンばかりの大きさで、巡洋艦の半分以下しかないので強度が弱い。ただその大きさの割合に馬力が強く、最大三五ノット以上で走ることができる。また傾斜からの復元力も大きく、七〇度ぐらいまで平気であった。

だが、燃料を使い果たして艦体が浮きあがり、重心が高くなっていることが問題であった。それだけ復元力が小さくなっているからである。おまけにファラガット級と呼ばれているタイプのものは、上部構造物が多く、もともといくらか重心が高く不安定であった。重心を下げるには、空になった燃料タンクに海水を満たせばよいのだが、まもなく燃料を補給することになっていたので、その処置が行なわれていなかった。

駆逐艦には、飛行機のような、転がりだしてほかに危害を与えるものは載せられていない。それでも砲弾や交通艇のように、格納や緊縛を必要とするものがあったが、荒天準備の処置が行なわれていた。しかし大型艦とちがい、大波をかぶる割合が大きい。そのため、レーダーのアンテナのように外部に取り付けてあるものは、すべて波に打たれて故障したり流されたりした。

そのうちに、マストや煙突が破壊された駆逐艦も出てきた。艦体が短いので波の上に乗ったかと思うと、つぎには波の中に突っ込んでいき、波に打ち壊されるのである。

波の下になるので視界が効かず、波しぶきがいっそう見通しを悪くしている。艦隊の針路は一五〇度と指定されていたが、舵が効かないので、針路を保つことができない。また、隣の艦がどこにいるのか分からないので、衝突の危険がある。

やがて正午になった。駆逐艦の一隻ハルは、限界ぎりぎりの七〇度まで左右にローリングしていた。姿勢が直るかと思ったそのとき、風がさらに姿勢を悪くする方向に吹きつけた。

「おもーかーじ急げ」、艦長の中佐がどなるが、舵が効かない。さらに傾斜を深めた艦体は、ついに横倒しになった。

艦橋にいた艦長は、横腹を見せた艦の上方にはい上がった。「脱出せよ」の指令をする暇もない転覆であり、すぐに沈んでいった艦から抜け出すことができた者は少なかった。

同じような状態で、他の二隻の駆逐艦、モナハンとスペンスが横転した。

夕刻になり風が収まってから、漂流中の乗組員は他の艦に救助されたが、ハルで三分の一以下の一〇〇名足らず、モナハンとスペンスはもっと少なかった。三艦合わせて九〇〇名近い乗組員のうち、七九〇名が犠牲になった。

沈没した駆逐艦のほか改装空母三隻、護衛空母二隻、巡洋艦一隻、駆逐艦三隻が中破し、ほかに一九隻が損傷を受けた。飛行機は一四六機が流失したり、破壊されたりしていた。

この台風の被害がある前に空母機動部隊は、フィリピン海域で、日本の航空特攻の被害をだしていた。正規空母三隻、改装空母一隻が一部破壊されたのだが、台風による被害がそれをはるかに上回った。日本にとっては、神風特攻隊につづいて、台風という本物の神風が吹いた結果になった。台風はその後、ルソン島の北で、熱帯性低気圧になって衰えている。

ウイリアム・ハルゼー大将

ハルゼーの艦隊が、台風でこのような大損害をこうむった原因は、台風の位置をはっきり確認できなかったことにあった。ハルゼーが最初に示した補給海域は、神風の通り道になったが、そのことの予測ができなかったのが、損害の原因になっている。
戦術上は、この海域で補給を受けることに問題はなかったといえよう。ここはフィリピンの戦場からもっとも近いが、日本の特攻機の行動圏外であり、引きつづいてマッカーサー軍を支援するうえでも望ましい地点であった。また艦隊は、台風の発生に気づいていなかったわけではなく、影響があるまいと考えていただけである。問題は台風についての情報とその位置についての判断が不完全であったことにあり、そのため被害が発生したのである。

第三艦隊の気象長コスコ中佐は、台風になる可能性がある熱帯性低気圧の情報を、ハワイ、グアム、ウルシーの三ヵ所の基地から得ていた。当時のことだから、その位置情報に誤差があることは避けられない。それなりの注意をコスコはすべきであったろうが、その点に問題があった。彼が最初に低気圧の位置として推測した地点は、実際の位置よりも約三〇〇キロメートル東であったようである。その後、正しい位置を推定したものの、修正処置が十分に行なわれなかった。コスコ自身が、その位置について確信をもてなかったからではないか。

それでも彼は、艦隊の針路を熱帯性低気圧の進行経路から離れるように変更する進言をしている。だがこのときは、熱低から台風に発達した暴風が接近して来ており、駆逐艦は、航海そのものが難しくなっていた。

ハルゼー自身も、艦隊を台風から完全に離す方向に変針させて、西に向かうことは嫌っていた。日本軍特攻の攻撃圏内に入る恐れがあるからである。作戦と台風と、両方の要素を考えて判断しなければならないハルゼーには迷いがあった。

現在は気象衛星によって、台風の位置が正確にわかる。しかし、当時は少ない各地の観測データと艦上の気圧計示度の変化、それに風向・風速から台風の位置を推測するほかなかった。ハルゼーたちに、現実に執られた処置以上のことを要求するのは無理であったろう。同じ立場に日本艦隊が置かれたとしても、米艦隊と同じような行動になったのではあるまいか。それを推測させる日本艦隊の行動がある。

昭和十年九月二十六日、日本の連合艦隊は、恒例の秋の大演習を行なっていた。三陸沖四五〇キロメートルの海面を、対抗軍赤軍になる第四艦隊が、東に向かって航行していた。函館を出港したこの艦隊は、重巡洋艦「妙高」、「最上」ほかの巡洋艦戦隊に、空母二隻と護衛の駆逐艦から成る一群の戦隊で編成されていた。太平洋の真ん中で西に変針して、青森沖で待機している青軍の連合艦隊主隊と決戦をするのである。

やがて赤軍艦隊は、一一時頃に、風波が強くなってきたのに気がついた。風向は南で、風速は、最大三〇メートルに達した。だが、このぐらいの風で、演習を止めるような弱い海軍ではない。艦の左右ローリングは最大で七〇度近くなったが、全体的に見て、ハルゼーがフィリピンで遭遇した台風より弱かったと思われる。

一五時三〇分ごろ、風速が最大五〇メートルになったが、その後は少しずつ弱まり、暴風の中心を抜け出したと思われた。ところが一七時二九分、第四水雷戦隊の一番艦の駆逐艦「初雪」が、遭難した。ハルゼーの駆逐艦のように転覆することはなかったが、艦首部を波にもぎ取られた。何度も波に叩かれて弱くなった部分から、破壊したのである。もともと設計に問題があった。

もぎ取られた艦首部は横転したが、そのまま沈まずに漂流していた。艦本体も艦長の機敏な処置で防水処置がされ、沈没をまぬがれた。大波の中でのことなので、処置は口で言うほど簡単ではない。駆逐艦「夕霧」も同じように艦首を失った。駆逐艦「睦月」は波に叩かれて艦橋が崩壊し、航海長が殉職した。もちろん、駆逐艦の流失した艦首にいた兵員も殉職している。

軽空母の「龍驤」と「鳳翔」も、艦橋や甲板に被害があった。ほかの艦も小さな損傷を受けている。

この暴風は、やはり台風であった。マリアナ付近で発生し、北上して三陸付近を抜けていったのである。台風の北上を艦隊が知ったのはその日の早朝で、海上の船舶から気象通報を受けている。しかし、これも当時の不備な観測体制の中なので、台風の位置が正確にわかるほどの確度が高いものではなかった。分かっていれば、いくらか針路を変えることはしたであろう。当時は「訓練に制限なし」のスローガンの中で、訓練演習を実施していたので、このぐらいの台風で演習を大きく変更することはしなかったであろうが、台風の真ん中に飛びこむことはしなかったのではないか。

台風で被害を出しはしたものの、演習はそのままつづけられた。最後は東京湾で伏見宮博恭軍令部総長から、講評を受けて演習を終了している。

少々の暴風の海は乗り越えようとするのが当時の海軍軍人であり、これは日米に共通する体質であった。

そのためかハルゼーは、フィリピンで台風の威力を思い知らされていたにもかかわらず、沖縄戦が終わりに近づいていた六月五日に、ふたたび沖縄で、台風の襲来にもかまわず作戦をつづけている。

この台風は、沖縄本島の南二〇〇キロメートルぐらいのところで東北に向きを変えて去ったので、直撃は受けなかった。それでも前回ほどではなかったが、空母四隻をはじめとして三〇隻以上が損害を受けている。台風の威力は特攻機三〇〇機に匹敵するものであり、日本にとっては神風であった。だが、アメリカの物量は、その力を凌ぐものになっていたので、戦争の結果を変えるほどのものにはなりえなかった。

第四章――明治維新から日露戦争へ

闇と霧の鳥羽伏見の戦い

明治と改元される年の慶応四年（一八六八年）の正月三日、京都の町はお祝い気分どころではなかった。すでにこの前日、兵庫沖を薩摩に向かっていた薩摩船平運丸が、榎本武揚が指揮する旧幕府の艦隊に砲撃されていた。薩長対旧幕府の争いが、本格的な実力行使の段階に入りつつあったのである。

一ヶ月足らず前の十二月九日に、王政復古の天皇のご命令が下されていたが、このとき前将軍徳川慶喜は、徳川家の兵と会津藩や桑名藩の兵を引き連れて京都を立ち退き、大坂城に入っていた。このときから京都では薩摩、長州、土佐、安芸の各藩兵が、会津などの兵に代わって御所の警備に当たっていた。

しかし、一月三日になって慶喜が、強硬な主張をする家臣につきあげられ、再上洛に動きだした。薩長土芸の側はこれに対抗して、京都の南で、上洛しようとする慶喜方の兵を阻止しようとした。ただし強硬なのは薩長で、第一線に陣構えをしていたが、そのほかの藩はおつき合いという感じだと思ってもらってよい。

「砲隊打ち方始めッ」

野津鎮雄薩摩軍守備隊長の命令で、鳥羽街道をさえぎるようにして展開していた八門の大砲が火を吐いた。つづいて銃隊もパチパチと、小銃射撃を始めた。

これにたいし、会津兵が槍を振るって突入していくが、たちまちバタバタと撃ち倒されて、死傷者の山をつくった。あたりはすでに夕闇につつまれていた。

薩摩軍の砲声が聞こえたので、東方の伏見を守っていた長州兵と会津兵・高松兵とのあいだでも、すぐに銃撃戦が始まった。長州藩の先手は、一二五名の第二奇兵隊である。相手は一〇〇〇名もの大軍であり、形勢が悪くなったが、薩摩の大山弥助の砲隊や長州の大隊が駆けつけてきて、盛り返した。

開戦後五時間もすると、伏見の街に陣取っていた会津兵は後方に退き、戦闘は翌日にもちこされた。

翌四日は、鳥羽伏見一帯は朝霧につつまれていた。霧の上部は黒い。戦闘のときの火災と銃砲の射撃で熱せられた空気が、夜中に冷やされて霧に変わったのであろう。

その霧の中から、とつぜん徳川方の兵が現われて、薩長軍にたいして射撃を始めた。霧を利用して桂川沿いに、上流に向かって前進してきたのである。薩長兵は土手や家屋を盾にして応戦したが、なかなか手強い。

「オイオイ、俺の股ぐらに頭を突っ込んでいる奴は誰だ」

「すまんが、弾避けになってくれ」

前の兵は、頭を隠すのがやっとの石を盾にして腹這いになっているが、ほかに身を隠すものが何もないので、後ろの兵は、その後ろについている。

「熱い。撃つのは止めろ」

後ろの兵が前の兵の太股に銃を乗せて発砲したのである。

会津藩の兵や新撰組の隊士は、前日同様に白刃を振りかざして勇戦した。もちろん小銃を扱う兵もいたが、会津藩の銃は、ゲベールという前挿式で、発射速度が遅い旧式のものである。ゲベールより五倍も命中率がよく、発射速度も速い薩長軍のスナイドル銃やシャスポー銃にはかなわない。やむをえず彼らは、槍や刀を持って川辺の葦や枯れすすきの中に隠れ、近づいてくる薩長兵を斬突した。

闇や霧が彼らに味方したのだが、兵器の質の差はどうにもならない。それに徳川方の兵は、総数は薩長土芸の兵を遥かに上回ったが、本気で戦っているのは、会津兵と新撰組、それに徳川歩兵二個大隊だけであった。第一線のこれらの兵は二〇〇〇名に満たないだろう。

薩長側の兵は、第一線のものだけで二〇〇〇名を超えていた。また、後方には多くの戦意のある予備隊が控えていた。兵器でも員数でも、徳川方は不利である。

徳川慶喜は敗戦の報告を聞いて、むり押しをすることを止めた。六日には大坂城を出て、軍艦開陽に乗り込み、江戸に向かったのである。兵士たちもまもなく、運送船などでその後を追った。

この戦闘によって徳川歩兵が負傷した状況を記したものを見ると、「股打ち抜かれ」「左肩打ち抜かれ」など、銃弾によるものばかりである。「即死」「深手」「薄手」などと記されたものの中には、あるいは刀槍によるものも含まれているかもしれないが、損害のほとんどは、銃砲によるものであったといって、さしつかえあるまい。

徳川家歩兵頭（大隊長）の旗本、窪田備前守は四日の朝の戦闘で、堤防の上で狙撃されて戦死した。それを怒った部下の中隊長、三宅重吾は、抜刀して奮戦し、四発の銃弾を受けて戦死した。徳川家の歩兵は、会津藩のゲベール銃よりましなミニエー銃を主装備にしていたが、命中率はゲベールに勝るものの、前装銃で発射速度が遅いことでは、ほとんど変わらなかった。一発撃つたびに、椎の実形の弾丸を銃口から、棒で押し込んでやらなければならない。

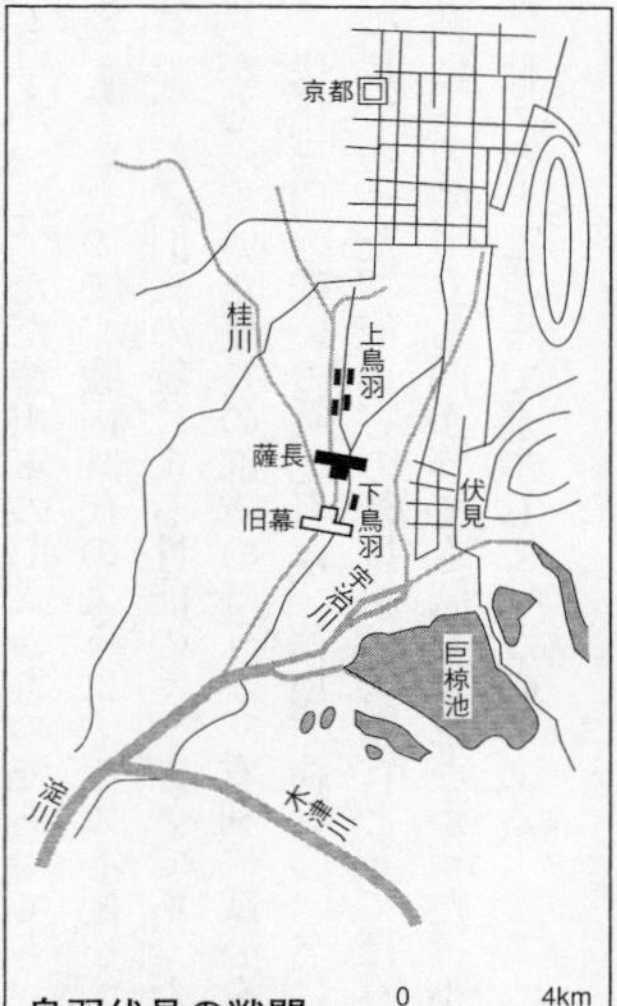

鳥羽伏見の戦闘

薩長藩の銃は主として、手元で弾丸を装填できる形式のものなので、発射速度が、ミニエー銃の四、五倍も早かった。ただ徳川軍の旧式のものであっても、発火装置が火縄銃から進歩して雷管式になっていたので、戦国時代のように、雨の心配をする必要はなくなっていた。だがその他の点で、新式旧式の銃による性能の差が顕著であったので、徳川方に比べて新式銃への切り替えが進んでいた薩長の部隊のほうが、有利に戦いを進めることができたのである。

伏見鳥羽の戦いの戦死者は、徳川方約五〇〇名にたいして、薩長方は一〇〇名に満たない少数であった。徳川方の新撰組は警察官としては有能であったかもしれないが、戦場の新式銃に、刀剣で立ち向かっても勝ち目はなかった。小銃は雨天の中でも、弾雨の中でも、自由に使えるところまで進歩していたのである。

雨の長岡戦争

鳥羽伏見の戦いが終わった翌日の一月四日、薩長軍の側に天皇の錦旗が翻った。これで旧幕府軍は反乱軍と見なされていることが示され、徳川慶喜が江戸に逃げ帰って天皇に恭順の姿勢を示すきっかけにもなった。

しかし、前将軍の意向に反して錦旗に従わない徳川家家臣や、徳川恩顧の大名藩士も多かった。そこで朝廷は、二月九日に有栖川宮熾仁《ありすがわのみやたるひと》親王を東征大総督に任命し、江戸に向かわせた。大総督の下には、東海道、東山道、北陸道を担当する三人の公卿総督が置かれた。

中部地方以西の各藩のほとんどは錦旗の前にひれ伏したが、越後中部から関東北部、東北の諸藩の中に、薩長主導の新体制になびかない藩が出てきた。その中で最後まで抵抗したのが会津藩であり、長岡藩も藩の面目のために、東征軍と戦う羽目になった。越後の長岡方面に向かった北陸道の鎮撫総督は高倉永祐《ながさち》で、陣没後に嘉彰《よしあき》親王を経て西園寺公望《さいおんじきんもち》が代わった。先鋒は薩摩の七〇〇名余と長州奇兵隊の五〇〇名余である。薩摩の黒田了介（清隆）と長州の山県狂助（有朋）が参謀で、実質的には指揮官であった。長岡攻撃が始まる前に服従した加賀、富山、高田、尾張その他信州の藩兵も二千数百名を数えたが、戦意はそれほど強くはなく装備もよくない。

閏四月二十一日、陽暦でいうと六月十一日に当たる日に、総督軍は二手に分かれて高田（上越市）を出発した。海岸沿いに柏崎方面に向かうのが本隊で、峠を越えて小千谷に出るのが山道部隊である。後者は、軍監で土佐陸援隊の岩村精一郎が率いていた。山道部隊を構成しているのは、尾張藩と松代藩など信州諸藩の兵が主体である。それだけでは頼りないので、薩長の一部の兵を加えていた。

長岡兵と最初に対陣したのは、この山道部隊である。場所は長岡南方一二キロメートルの小千谷付近で、信濃川上流だ。

この戊辰の年は、雨が多い年になった。「江戸では春から雨天続きで、晴れた日は数えるほどしかなかった」と、当時の人の回想録『戊辰物語』にある。雨は全国的に多かったようで、越後でも雨続きであった。

長岡戦争が始まった時期は梅雨どきなので、雨が多いのはあたりまえだが、従軍した人たちが残した日記に、雨が多く川の増水に悩まされた記事が多いので、特に雨が多かったことは確かだ。ちょうど異常気象の年に当たっていたのではないか。増水した信濃川は、長岡軍と戦う総督軍を悩ませた。

信濃川左岸の小千谷側に陣取った山道軍岩村軍監は、尾張兵を長岡領である対岸に出して、戦術的に重要な榎峠を占領させた。ここまではよかった。まだ長岡兵が出てきていなかったので、榎峠の兵たちも岩村も安心している。

このようなときに長岡藩の主席家老、河井継之助が、譜代七万五千石の藩を代表して小千谷の岩村の下にやってきた。

「主人牧野に代わり長岡藩を代表して申し上げます。これまで出頭が遅れましたことをお詫び申します。長岡藩は決して、天子様に逆らう意思はもっておりませぬ。ただ藩内に桑名藩士、会津藩士が多数入ってきておりますので、私どもがうっかり動きますと、とりかえしがつかぬことになり申します。あと数日の余裕をいただければ、彼らを追い出すことができるかと存じます。なにとぞ御斟酌を賜わりますようお願い申しあげます」

「何をいうか。今さら遅い。時間稼ぎのいいわけなど、聞く耳持たぬ」

「そこのところをまげてお願い申します」

年輩の河井が頭を下げているのにたいして、二十二歳の岩村は居丈高になった。

「ならぬ。戦場でまみえよう」と、立ち上がり姿を消した。年齢にコンプレックスをもっている岩村は、これを戦闘準備のための駆け引きだと見て、河井の嘆願を一蹴したのである。

「戦わずに相手を屈服させるのは最善で、多数の犠牲をだす恐れがある城攻めをするのは最低の方法だ」という孫子の兵法は、岩村の頭になかった。時間と総督軍包囲の圧力をかければ、長岡領内の会津兵たちは、長岡を退去したかもしれなかったのにである。

長岡藩が戦っても勝ち目がないのは、最初から分かっている。それでも戦わざるをえない立場に追いやられた長岡藩の状況は、対米戦開始に追いやられた日本の状況に似ていないでもない。長岡武士の出身の山本五十六連合艦隊司令長官が、一か八かのハワイ攻略に賭けたのと同じように、河井は、信濃川の増水で孤立している榎峠の総督軍攻撃で戦いの幕を開けた。

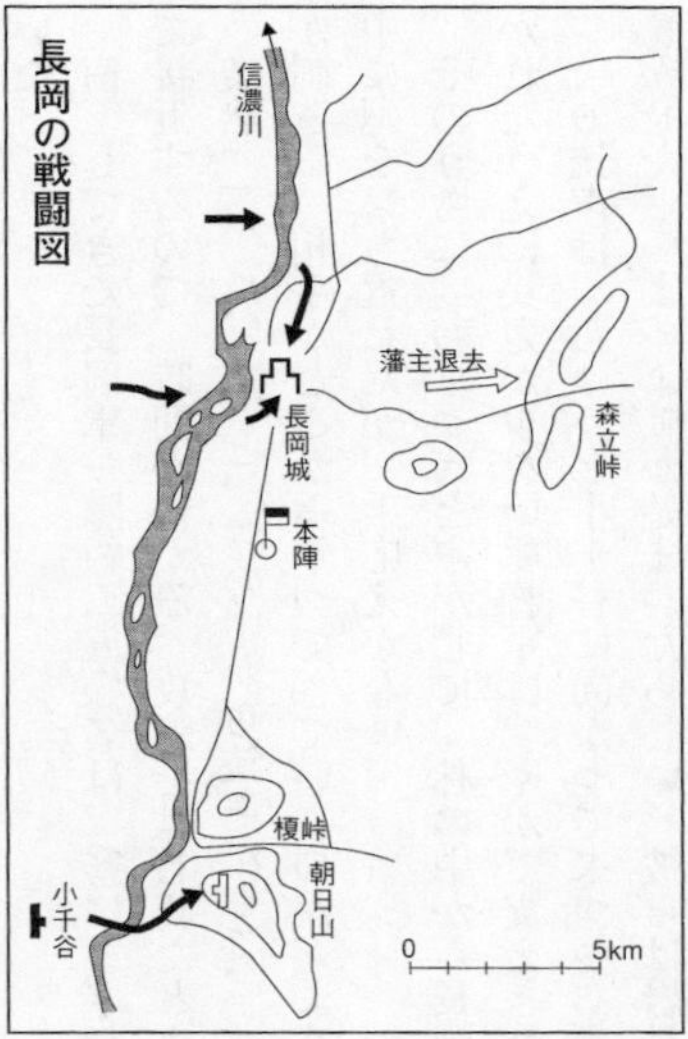

長岡の戦闘図

彼はまず、東北北陸の反薩長列藩同盟に加わった。それまでは加盟を保留していたのである。味方を増やしておいて、つぎに計画したのが、城から遠い榎峠方面での作戦を、全力で行なうことであった。

占領した榎峠を守っていた総督軍は、尾張と上田の藩兵一〇〇名余であった。その日、五月十日（陽暦六月二十九日）の峠は、雨と霧につつまれていた。平地から一〇〇メートルほど高くなっているので、晴れていれば見張りができるが、この日は視界がさえぎられていた。

南下してきた長岡軍一隊約二五〇名は、霧にまぎれて峠に接近した。山腹を捲くようにして接近するので、時間がかかる。攻撃をはじめたときは、昼過ぎになっていた。

突然、「パンパン」と、霧の中から銃声がして、守備隊の尾張兵の周囲に、ぶすぶすと弾が刺さる。相手がどこから撃ってきているのか、よく分からない。尾張兵は、ともかく霧の中に弾を撃ち返したが、手応えがない。

そのうちに「わーっ」と声がして、林の中から長岡兵が現われて突入してきた。不意を突かれたうえに兵力が少ない総督軍は、やがて支えきれなくなって後退した。

この銃声は、ちょうど小千谷に向かって来つつあった山県参謀と奇兵隊軍監の時山直八を驚かせた。いよいよ戦《いくさ》が始まったらしい。彼らは岩村の下に長岡藩の河井がやって来たと聞き、戦場視察を兼ねて様子を見に来たのである。

小千谷の岩村の本部に到着した山県は、いきなり癇癪玉を破裂させた。

「戦争が始まっておるというのに、このざまは何じゃ」

本部では岩村以下幹部たちが、夕飯の酒席の膳を前にしてのんびりしている。「はあ」というだけで、山県が怒っている理由が分からないらしい。

「対岸でしきりに鉄砲の音がしておるが、戦況はどうなっておるのか。幹部が酒を食らっている場合じゃあるまい」

「いや、雨で何も聞こえませんでしたので。何かあれば報告が来るでしょうが、何もいってよこしておりませんので、大丈夫でしょう」

「そのような弁解は無用じゃ。すぐに斥候を出せ」

斥候に探らせてみると、榎峠はすでに敵の手に落ちたという。そこでまた、山県の雷が落ちた。

「それ見よ。奇兵隊五番小隊を応援に出せ。川を渡ることはできるな」

「雨で水かさが増しており、簡単にはいきません。川船を数隻抑えておりますが、舸子《かこ》が少なく難儀しております。小隊全員を渡すには、七、八回も往復することが必要です」

幹部の一人が答えたのにたいして、山県はすぐに処置することを命じた。

翌日、山県は、増援の部隊をさらに渡河させ、こちらの岸から砲撃で支援させたが、長岡軍のほうが優勢であった。増水で総督軍の渡河が難しくなっていることを知っている河井の巧みな作戦に、総督軍は翻弄されていた。

軍人政治家・山県有朋大将

不利な戦況を覆すために、時山奇兵隊軍監は動きだした。十二日早朝に、奇兵隊一個小隊を中心にして、薩摩、尾張の兵などを加えた一隊で、朝日山の敵砲塁を攻撃することを計画したのである。

朝日山は、榎峠につづく嶺である。ここには長岡兵のほか、会津、桑名（伊勢の桑名藩の飛地が、越後にある）の兵も集まっていた。

山県は時山に、ここの攻撃のための援兵を連れてくることを約束して、小千谷を去ってい
た。その留守中に、朝日山が霧につつまれているのを攻撃の好機と見た時山が、先頭に立っ
て突撃していった。
「静かに砲塁に接近せよ。近づいたら、射撃と同時に突っ込む」
時山の指示のとおりに攻撃して、砲塁は二つまで落ちた。あと一つだ。
「よし最後だ。前へ」
時山が先頭に立って斜面を登る。そのとき霧が薄れた。砲塁からは登ってくる総督兵が丸
見えである。
「先頭のめだつ侍を狙え。撃て撃てー」
砲台の守備兵が、いっせいに小銃を発射した。
時山が斜面を転がり落ちる。「あっ、隊長」と、時山の負傷を見た周囲の兵たちも攻撃を
止めて、退却した。それでも一人が、時山を担いで退がっていった。
「やられた」
ようやく増援兵を連れて帰陣した山県が聞くと、時山は先発したという。すぐに後を追っ
た山県は、途中で時山の死を知った。
海寄りを進んだ総督軍本隊は、柏崎から小千谷に増援兵を送った。残りの本隊は、そのま
ま出雲崎を経て東に旋回し、長岡の中心部に迫った。長岡藩は信濃川でさえぎられてはいる

ものの、小千谷方面からも出雲崎方面からも総督軍に攻撃され、包囲される態勢になってきた。

薩長ともに国元からの増援兵が増えて態勢が有利になった総督軍は、榎峠の局地戦を止め、一挙に長岡城を衝《つ》く作戦をたてた。まず信濃川を渡る手だてを考えることが、計画実現の第一歩になる。

そこで与板藩など帰順した藩の手持ちの船を集めたり、船大工を集めて川船の新造をしたりして、どうにか計画の実行に必要な十数隻を準備することができた。前の榎峠戦のとき小千谷では、山県が名主を脅して船を用意させようとした。だが、濁流に船をだすのは危険だとして、なかなか承知しなかった。一隻一〇〇両という大金を積んで、どうにか準備をさせたのだが、そのときよりは準備が円滑に進んだのである。

増水期の天然の防塞信濃川に期待している長岡藩の河井は、藩兵の多くを榎峠方面に集めていた。長岡城のすぐ先に信濃川が流れているが、川沿いの守備兵は、一〇〇名もいない。城内は年寄りと女子供が守っている。

七万五千石の長岡藩の兵力は、それほど多くない。老人や少年を含む洗いざらいで、二〇〇〇名足らずであろう。その中で洋式兵は半数の一〇〇〇名だけであった。家老の河井は洋式軍備をするのに熱心で、長岡藩は北陸奥羽の諸藩の中では洋式化が進んでいた。

しかし、そのために藩庫が空になるとして、これに反対する藩士も多く、領民にも不平不満を唱えるものが多かった。この戦いの最中に農民一揆が起こったことに、不満が表われている。

だが河井は、このような事態の下では、列藩同盟の各藩から頼りにされる存在であった。長岡領内にやってきている会津や桑名の兵は刀槍主体で、ほとんど戦力にならない。それと比べて、長岡藩が持っている十数門の洋式砲や二門のガットリング機関銃は頼りになった。ただ財政上の制限を受けて、小銃が先込めのミニエー銃であるのが問題で、薩長の新式銃には十分に対抗することはできなかった。

そのような条件の中で河井は、精一杯戦った。信濃川を防塞として利用し、榎峠方面に銃隊主力を集中したのは、それしか方法がなかったからであろう。

総督軍の長岡城攻撃は、五月十九日の早朝に開始された。河井はこの日の夜に、小千谷の総督軍を夜襲するつもりでいた。そのため本陣を小千谷と長岡城の中間で、城から五キロメートルばかり離れた地点に置いていた。主力が、そちらと榎峠方面に集中しているので、城の周辺や城内は手薄であった。

「戦いは錯誤の連続」というが、総督軍は河井の裏をかいた。長岡軍がほとんど配置されていない、城の北五キロメートルぐらいの信濃川槙下付近が渡河地点になった。渡河は朝の四時ごろであった。まもなく城よりもやや上手の、本大島でも渡河を始めた。

水勢は激しく、一〇名足らずを乗せた小舟は転覆しそうになる。流れにまかせて少しずつ進んでいくので、対岸に着いたときは、何百メートルも下流に流されていた。それでも朝霧が総督軍の行動を隠してくれていたので、長岡兵は、この行動に気がつかなかった。

一番乗りは、槙下方面から渡河した毛利家支藩長府の報国隊四番小隊と奇兵隊三番小隊であった。不意を突かれた長岡一個小隊は、敗走した。長岡城近くのほかの守備兵も、持ち場を守りきれずに城に逃げ帰った。

城内にめぼしい兵力は残っていない。藩主牧野忠恭は城を出ることを決心した。藩主一族は東方の森立峠を越えて、十数キロメートル先の栃尾に落ちのびた。

この敗戦から二ヶ月ほど後に、河井は長岡城奪還の作戦をした。七〇〇名の兵を連れて勝手が分かっている湿地帯を突破し、城を奇襲したのである。七月二十五日のことであった。奇襲は成功したが、少ない兵力で守りきることはできない。四日後には態勢を立て直した総督軍に攻撃されて敗れ、ふたたび城を捨てなければならなかった。このとき河井は重傷を負い、半月後に一生を閉じた。

名将河井継之助は、歴史愛好家のあいだでは有名である。雨期と信濃川の増水を作戦に利用し、湿地帯を利用して奇襲作戦をするなど、総督軍の山県参謀はさんざん振り回されている。

荒天に翻弄された榎本海軍

長岡軍を破った総督軍は、そのまま会津に向かって進撃した。敗残の長岡軍は、只見川方面に抜ける山路をたどったので、一隊が追撃した。別に新発田方面から、阿賀野川沿いに会津若松に攻め上る部隊もあった。

会津藩はこのときよりも前から、白河方面からやってくる薩摩軍主体の総督軍と戦っていた。そこに北陸方面の総督軍の攻撃を受けたのだからたまらない。しだいに戦線を縮小し、九月二十二日、藩主松平容保が降伏して、東北の争乱が終わった。

しかし、このときになってもまだ、戦う姿勢を保ちつづけている人々がいた。箱館の五稜郭に向かって航海中であった榎本武揚以下の徳川家海軍の面々と、付属の運送船などに乗っている旧幕府の武士たちである。

榎本は、幕府が長崎でオランダ海軍士官に依頼して行なった海軍術伝習に参加し、航海と海軍運用の基礎を身につけた。勝安房（海舟）はそのときの仲間である。その後、オランダに留学し、帰国してから間がなかった。帰国後すぐに幕府の軍艦奉行になったが、まもなく徳川慶喜が大政を朝廷に奉還したことに不満であった。その後、慶喜が鳥羽伏見の戦いで敗れて江戸に帰り、東征大総督に恭順の態度をとったときも、そのまま徳川艦隊を掌握していた。

榎本が指揮していた艦隊が大総督に引き渡されることになったとき、彼は引き渡しを拒否して軍艦八隻を率い、品川を出て館山に錨を下ろした。しかし、旧幕府の交渉責任者で、彼の上司でもあった勝安房に説得された。

「榎本サン、ここは上様のために何とかしてもらいテー」

「だが勝サン、上様はオレたちを見捨てなすった。いまさら忠義じゃあるメー」

「イヤ、奴ラは、徳川家を潰すことまでは考えていネー、上様もそのことを計算しておられる。大事な交渉のときに軍艦を持っていかれたんじゃ、どうにもならネー。せめて半分でも返してもらえると、どうにか格好がつくというもんだ」

仲間同士のベランメーだと、意思の疎通が早い。榎本も恩義がある徳川家を潰すつもりはない。結局、軍艦の半数は徳川家のものとし、四隻を大総督府に納めることで、当面は決着した。

榎本の手元に残ったのは、新鋭の開陽のほか、回天、蟠龍、千代田形の四艦である。慶応四年四月二十八日のことであり、これから東北や北陸での戦いが始まろうとしている時期であった。そのため大総督府も、とりあえずの処置を急いだので、榎本の言い分を呑んだのである。

しかし、薩長主導の新政府を認めようとしない榎本は、ついに八月十九日の夜、品川を出航し、仙台湾に向かった。彼は四隻の軍艦のほかに、運送船として咸臨丸、長鯨丸、神速丸、美加保丸をともなっていた。船上に、幕府のフランス式陸軍教官であったブリューネ砲兵大尉とカズヌーブ伍長の姿もあった。

榎本は出航前に、出航の趣旨を記した文書を勝安房などに届けていた。その中で薩長中心の新政府を批判している。後に仙台で四条隆謌《たかうた》総督に提出した嘆願書には、失業武士救済のためにエゾ地開拓をするという目的が記されている。いずれにしろ、新政府に反抗する行動をとろうとしていることは確かであった。

こうして品川を後にした榎本艦隊は、仙台湾からさらに北海道に向かった。この艦隊が翌年五月に新政府軍の艦隊に攻撃されて全滅するまでに、悪天候のために多くの艦船を失ったことは、本書の性格からして取りあげておくべきだろう。

最初の災難は、出航二日後にやってきた。途中の事故で外洋に出るのが遅くなっていた艦隊は、ようやく房総半島を左に見て北上していた。日中から荒れ模様であった天候は、夜に入ってからさらに悪くなった。北東の風が強くなり、軍艦は波頭に乗ったかと思うと次は、真っ逆さまに海底に向かうかのように、波を滑り降りた。旗艦の開陽は、帆船の美加保丸を曳航していたが、こうなると曳航どころではない。

「あっ、危ない」直径三〇センチメートルもある曳航索が切れて、反動で美加保丸が大きく傾いた。

「波に舳先《へさき》を立てー」と、船長がわめくが、動力がなく、マストも折れた船は、波に身をまかせるほかにどうにもしようがない。時刻は深夜二時ごろであった。やがて開陽も上部マストがすべて折れ、舵綱が切れて舵を失った。

回天は帆船の咸臨丸を曳航していたが、波には逆らえず、ついに曳航索を切断した。咸臨丸はかつて、勝安房艦長の下で太平洋を往復した経歴をもつ由緒がある船であったが、このときはすでに機関を下ろして、帆走の運送船になっていた。マストは三本あったが、横波横風を受けて危険になったので、二本を切り倒して重心を低くした。その後は風に逆らわずにいて、何とか危機を乗り切ったのである。回天も三本のマストの一本を残すだけになったが、どうにか航行をつづけていた。

国産艦千代田形は、馬力が小さく性能が悪い。そのため長鯨に曳航されていたが、半日だけ艦隊に先行していた。おかげでこの二隻は、荒天の影響は受けたが、風がいくらか弱い海域にいたため、大きな損傷なしに仙台湾に入った。本隊よりもいくらか先行していた神速と、本隊の中にあった蟠龍は、曳航船の負担がなかったので、大きな損害を受けることをまぬがれた。

旗艦の開陽の破損は、艦隊にとって大きな誤算であった。舵を失った開陽は、昔から伝えられている方法をとった。樽を結びつけた綱を舷側に垂らして抵抗をつくり、舵の代わりにして、どうにか仙台湾近くにたどり着いている。

美加保丸は五日間の漂流の後、犬吠埼近くの岩が多い海岸に吹き寄せられた。風は収まっていたが、岩礁ではまだ白波が砕け散っている。船には陸兵たち六〇〇名余が乗っていた。船の知識がなく、暴風への心構えができていなかった彼らは、すっかり参っていた。嵐のあいだじゅう、船底で大砲が、あちらへごろごろ、

箱館の海戦——軍艦４隻を擁する榎本艦隊の旗艦・開陽も潰えた

こちらへごろごろと動き回り、危ない目にあっていたのである。

陸兵は、泳ぎができない者も多い。そのためせっかく海岸にたどり着いたというのに、上陸のときに溺れて死ぬものも多かった。無事に上陸したものも、ほとんどが脱走兵として関東地域で捕らえられたり、新政府軍に降伏したりした。

咸臨丸にも二〇〇人ほどの陸兵が乗っていた。船は嵐が収まった後に、修理のために清水港（静岡県）に入った。ここは徳川領だからと安心して入港したのだが、すぐに新政府の富士山艦以下三隻がやってきた。陸兵は船を下りていたが、残っていた乗組員は船を渡すことを拒み、二十数名が殺された。蟠龍も修理のために寄港していたが、早々に出航していたので難をまぬがれた。

こうして運送船二隻を失った榎本艦隊は、ようやく仙台湾に集結した。破損個所の応急修理はしたが、完全とはいえない。榎本は仙台藩と、修理や援軍の交渉をしたが、もはや時機を失していた。会津藩の降伏が、間近に迫っていたのである。榎本はついにエゾ地に根拠地を求めることを決心し、北に向かった。ただ仙台藩から運送船の大江丸、鳳凰丸、千秋丸を手に入れることができたことは収穫であった。

榎本一行は、十月二十日（陽暦十二月三日）に、箱館北方三〇キロメートルの鷲ノ木に上陸した。東北で総督軍と戦った仙台や会津の兵二七〇〇名も加わった。フランス人も、その後に合流したものも含めて一〇名を数えることができた。いよいよ明治維新最後の戦闘が、始まろうとしていた。

ところで艦隊に損害を与え、漂流させた暴風のことであるが、台風であったことはまちがいあるまい。現在の暦でいうと、十月六日に海がしけはじめ、それから二、三日、影響が残っている。しかし、江戸の町に風が吹いた記録が見あたらないので、房州沖を吹き抜けた小型のものであったのだろう。

この年は夏の盛りでさえ、江戸で雨天がつづき、雷雨も激しかったことを考えると、太平洋高気圧の発達が悪かったのではないかと思われる。このような年には、それほど大型ではない台風が、日本列島に近いところに比較的多数発生し、八丈島あたりから北東に進路を変えるケースが多いようである。

榎本艦隊がまきこまれた暴風は、このような台風によるものではなかったか。房州の漁民であれば、そういう風の徴候を見てとったかもしれない。しかし、このあたりの海に精通しているわけではない、にわか海軍の乗組員に、そのような期待をすることはできなかった。

榎本の海軍経験は、実務は三、四年にすぎない。ほかの乗組員にしても、それよりいくらか長いものがいるていどである。風や波を読んで対応をするレベルには、ほど遠いものがあったというべきだろう。外洋に出るのが遅れた理由が、江戸湾出口の観音崎で咸臨丸が座礁して、上げ潮で離礁するのを待っていたからだというところに、航海技術のレベルが示されている。

同時に榎本は、時勢を読む能力レベルも、あまり高かったとはいえない。後年、若気のいたりで北海道に脱出したと回顧している。

風で失敗した宮古湾への殴り込み

榎本武揚一行が北海道の鷲ノ木に上陸したとき、箱館の五稜郭には、新政府の清水谷府知事の兵と増援兵の合計約一〇〇〇人が駐屯していた。

まもなく新政府軍と榎本軍の戦闘がはじまったが、榎本軍は陸兵だけで二〇〇〇人を超える。新政府軍は形勢不利になり、青森に引き揚げていった。エゾ地ただ一つの藩であった松前藩の四〇〇人ばかりは領地に残って戦ったが、多勢に無勢である。藩主一行が弘前に逃れた後で、松前軍は降伏した。

しかし、松前軍はむだな交戦をしたわけではない。榎本軍は、松前城(福山城)の北の、江差方面の陸戦を支援するために軍艦開陽と神速を派遣した。このとき軍艦は、江差で座礁し破壊してしまい、榎本は、松前藩が失った以上の戦力を失ったからである。

開陽は、榎本がオランダから帰国するときに回航担当者として、オランダ人の力を借りながら日本に持ってきた第一級の新船である。榎本の精神的な支えにもなっていたので、損失は見かけの戦力損失以上のものになった。

開陽は十一月十五日(陽暦十二月二十八日)、艦砲射撃で陸戦を支援するために、江差沖に来た。艦上から見た陸地の状況は平穏で、敵影が見えず、海には波がなかった。そこで艦長の榎本は艦を停泊させて、副長沢太郎左衛門とともに上陸した。彼らは住民から情報を集めたり、松前に連絡員を派遣したりして、陸上で一夜を明かした。ところが、明け方になって天候が急変し、風の方向も変わった。

「荒れてきたな。早く帰って出航しよう」

「船の上では、だいぶバタバタしているようですな。早く缶《かま》を炊いて蒸気が使えるようにしてくれればよいが」

榎本たちは陸の上から心配している。そのうち荒れが本格的になったので、帰ることは不可能になった。

「いかん、流されている。しだいに岸に近づいてきている」

そのうちにドカンと音がして、開陽は岩場に乗り上げた。波が打ち寄せるたびに、左右にぐらぐらと揺れている。このころには吹雪になり、開陽は榎本たちの目から隠されていた。まもなく艦体は二つに折れ曲がってしまったのだが、榎本は、最後の場を目撃することはできなかった。

天候が変わり、それまでの南風が北西風に変わったことが事故の原因だといわれている。原因は、榎本たちが内地から来たばかりで、現地の気象や海の状態を知らなかったことにあるといえよう。海底が、錨がききにくい滑りやすい岩であったことも原因の一つにあげられているが、現地の海を知っていれば、もう少し用心したであろう。

低気圧の通過にともなう天候の急変があったようだが、これも、住民であればとうぜん知っている珍しくない現象であった。洋式軍艦を導入しはじめてから一三年にしかならない当時の、経験が浅い海軍軍人に、北海道の気象や海についての知識まで求めるのは無理であった。だが、不用心であったことは確かである。知らなければ知らないなりの、用心をすべきであったろう。

開陽の事故の知らせを受けた箱館から、すぐに救援のために神通が出航したが、これも江差で同じように座礁した。自然の力が甘くないことを、榎本は思い知ったであろう。榎本軍は戦闘中に、それと知らずに箱館にやってきた秋田藩の高雄艦を、接収して戦列に加えていた。しかし、二隻の主力艦を失って、海軍の戦力は大きく低下した。それがつぎに述べる作戦の動機にもなっている。

榎本たちの行動は、清水谷知事から東京に報告され、清水谷を総督とする討伐軍が青森で編成された。討伐に参加する新政府海軍も、明治二年三月十八日（一八六九年四月二十九日）から二十一日にかけて、三陸海岸の宮古湾に集結した。

新政府海軍の旗艦は、フランス製でアメリカから譲り受けたばかりの装甲艦甲鉄である。一三五八トンという国内最大艦であり、名前のとおり鉄製で、舷側が厚い装甲になっていた。集結した艦はほかに、鹿児島藩の春日、秋田藩の陽春、山口藩の丁卯があり、運送船四隻も従っていた。

榎本はもともと、幕府が購入契約をした甲鉄は、自分たちのものだと考えていた。しかし、日本への到着は新政府の時代になってからであったので、甲鉄を手に入れることができなかった。これを手に入れれば制海権を獲得し、新政府に対抗できる。開陽を失った今、なんとしてでも甲鉄を手に入れたいという思いに、榎本は衝き動かされた。

「新政府の艦隊が品川を出航したという情報が入ってきた。多分、行き先は宮古湾であろう。そこで彼らが宮古湾に停泊しているときを狙って、甲鉄を奪ってしまいたい」

総裁の榎本が、海軍奉行の荒井郁之助や軍艦頭の甲賀源吾と松岡磐吉、顧問格のブリューネ大尉に相談する。

「よろしかろう。しかし、何かうまい策があろうか」

荒井の問いかけに甲賀が、えたりとばかりに意見を述べる。

「使えるのは回天、蟠龍、高雄の三艦。長鯨は、室蘭から動かせないし、千代田形は速度が遅い。この三艦のうち二艦で甲鉄を挟むようにして横付けし、斬込隊を突入させて艦を奪うというのはどうでしょう。缶の火を落としている時刻を見計らって突入すれば、ほかの艦からすぐに反撃されることはありますまい。一隻は他の艦を砲撃して、反撃を抑える役をする」

「なるほど。ブリューネ大尉はどう思いますか」

「大賛成です。西洋では斬り込みに海兵隊を使います。フランス人も参加させてください」

こうして、榎本艦隊による甲鉄奪取作戦が始ま

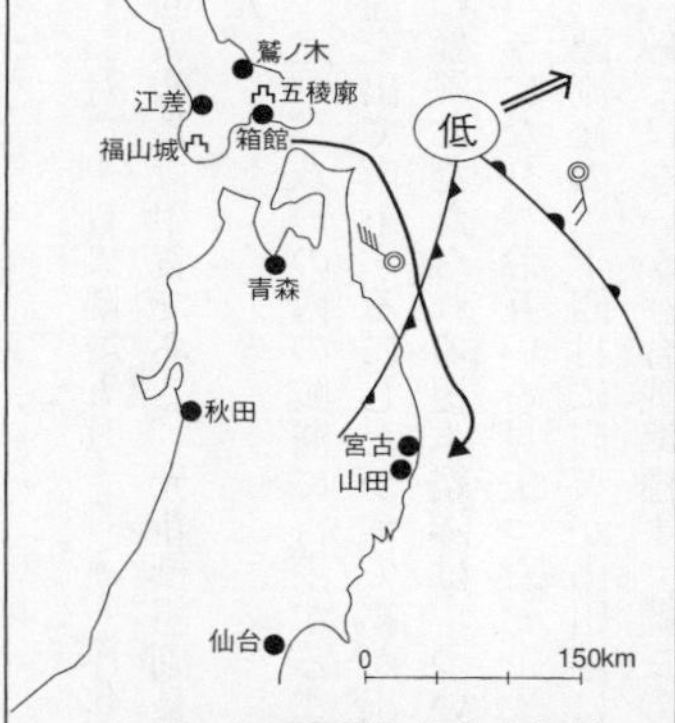

メイストームで失敗した宮古海戦

った。

三月二十日（陽暦五月一日）の深夜、三艦は荒井司令の旗艦回天を先頭にして箱館を出た。回天艦長は甲賀である。元新撰組副長の土方歳三も、斬込隊総指揮官として回天に乗っていた。

途中、八戸の南の鮫浦に寄港するまでの航海は順調であった。しかし二十二日の午後、鮫浦を出て南下するにしたがって霧が出てきた。夜になると今度は暴風である。行動するたびに暴風にたたられる榎本艦隊は、ついていないといえばよいのだろうか。これで三艦はバラバラになり、お互いを見失った。

漂流後の二十四日に回天が山田港に近づいていくと、前方にもう一隻の軍艦の煙が見える。

「敵ではないか。合戦準備ー」艦長の命令で乗組員が配置につく。甲賀は遠眼鏡で相手を確かめている。そのうちに、安心したような声をだした。

「合戦準備止めー。あれは高雄だ」

両艦は山田湾の入口で再会したが、もう一隻の蟠龍の姿が見えない。蟠龍はもう少し北の方を漂流していたのである。

この嵐は、いわゆるメイストームであったろう。日本海で発達した低気圧が、箱館付近を抜けていったのではないか。二十二日に南の風が吹きこんだときは、暖かい南の空気が寒流に冷やされて海霧が発生した。しばらくすると、寒冷前線が南下してきて、強風が吹き荒れたのである。

このときの二週間前にも、メイストームらしい風が吹き荒れていた。そのとき宮古湾に向かっていた新政府軍艦隊は、房総沖で吹き散らされている。丁卯艦だけは嵐を抜け出て先行することができた。そのため丁卯艦は、宮古湾の一番奥に錨を下ろした。入口に近いところにいたのが、甲鉄と春日である。

山田湾は宮古湾のすぐ南側、二〇キロメートルのところにある。海上であればすぐに視認できる距離だが、湾に入ってしまうと気がつかない。榎本艦隊の一行は山田港に上陸して、新政府軍についての情報を探った。ところが、すぐ隣に軍艦がいるというのである。陸地づたいに偵察してみると、紛れもなく新政府軍の艦隊であり、めざす甲鉄も停泊している。

荒井は、甲鉄奪取の計画を実行に移す決心をした。蟠龍が到着しないので、二艦で突入するほかはない。回天と高雄は、二十五日早朝に攻撃をはじめる計画で、山田湾を出港した。ところが今度は、高雄の機関が故障して出力が出ない。速度が遅いので、回天と同航することができなくなった。今さら引っ込みがつかなくなった荒井は、回天だけで突入することを決めた。

「あれはどこの船だ」

「旗がメリケンのもののようです」

「それにしてもおかしい」

甲鉄艦上で当直の士官たちが騒いでいるうちに、入港艦の米国旗が下ろされ、「ドカン」

と、発砲音が響いた。弾は甲鉄の舷側に当たったが、さすがにびくともしない。

やがて艦首どうしが接触する形になり、高い回天の艦首から何名かが飛び降りて甲鉄に乗り移ったが、それ以上のことはできなかった。回天は外車式の推進機をつけているので、甲鉄と、舷側を横に並べてつけることができない。そのため斬込隊の突入は失敗した。あとは鉄砲戦である。回天の艦上では甲賀艦長が戦死し、荒井司令が直接指揮して港外に退避した。

北に艦首を向けた回天は、途中で高雄と蟠龍に出会った。そのうちに、ようやく機関を始動させた新政府艦隊が追ってきた。機関が故障している高雄は逃げ切れずに、海岸に乗り上げて自焼している。

この斬り込み作戦は、完全に失敗した。予定どおり三艦がそろっていれば、あるいは成功したかもしれない。失敗の大きな原因は、荒天で三艦がバラバラになったことにあった。高雄も荒天に会わなければ、機関が故障することはなかったかもしれない。

だが、季節からいうと、低気圧がつぎつぎに通過する時期であり、いくらか決行日が前後しても、どこかでその影響を受けた可能性がある。それを乗り切ることができなければ、作戦の成功はおぼつかなかった。その点からは、船も人も、このような高度な作戦ができる能力を持っていなかったために、失敗したといえるのかもしれない。

日清戦争始まる

軍艦「吉野」の艦橋で、双眼鏡を手にしているのは司令官坪井航三少将である。朝靄をとおして遠くから、二隻の軍艦が接近してくるのが見える。しばらく艦影を見つめていた司令官が、とつぜん命令した。

「戦闘用意ッ」

マストに後続の「浪速」「秋津州」に命令を伝える信号旗が掲げられた。相手もこちらに、大砲を向けている。

「距離三〇〇〇」参謀が司令官に報告したとき、相手の「済遠」艦の艦上に砲火が見えた。すかさず坪井も、「撃ち方始め」を令した。

豊島沖海戦と呼ばれているこの戦闘は、明治二十七年七月二十四日に、ソウル南西の海面で行なわれた。日本艦隊の相手は、清国艦隊であった。

戦闘は、清国の「済遠」が大破し、「広乙」が自爆沈没して、日本側の大勝利になった。日本側の損害は軽微であった。

この海戦が日本と清国の日清戦争の始まりになったのであり、日本が大国清に勝って自信をつけ、世界に発展していく最初のきっかけにもなった。

日本と清国は、この海戦の十年以上も前から、朝鮮国の利権をめぐって争っていた。かつて蒙古が、日本に侵略の矛先を向けてきた元寇のときは、朝鮮半島の高麗王朝が蒙古軍の手先にされ、日本征服のための兵船を向けてきた。その後、清朝時代になってからも、朝鮮半島の李王朝は清朝に貢物を送り、従属する立場にあった。

明治維新後に日本の新政府は、李王朝に、西洋式の外交関係をもつことを要求して断わられていた。しかし、明治八年に日本艦雲揚が漢江河口に侵入し、江華島砲台と交戦した事件がきっかけになって、江華条約が日朝間に結ばれ外交関係が確立された。ペリーが黒船の威力を背景にして、日米間の不平等条約を押しつけたのとやり方が似ている。ペリーが日本を開国させた後、ヨーロッパ諸国が日本に進出してきたのと同じように、ヨーロッパ各国は江華条約後の朝鮮国とも、不平等条約を結んだ。これら各国の船は、江華条約以前から朝鮮半島に侵入して問題を起こしていた。

条約締結は、見かけ上の正当な地位を獲得する手段であった。日本だけが不平等条約を朝鮮国に押しつけたわけではない。だが日本は地理的に近いために、条約締結後は盛んに朝鮮半島に進出した。そのため、朝鮮国を属国扱いしようとする清国と対立するようになった。そのようなとき、朝鮮国李王家内の権力争いが激しくなり、王妃閔《びん》一族と王父大院君一派が、それぞれ日本と清を後ろ盾にしようとした。そのため明治十五年に、両国はあわやという事態になったが、話し合いでどうにか戦争は回避された。ただし、このときから日清両国ともソウルに駐兵するようになったので、完全に火が消えたわけではなかった。明治十七年になると、この日清の対立がさらに強まった。その解決のために日清間の天津条約が結ばれ、両国は朝鮮半島から撤兵した。もし事件が起こり、再出兵の要があるときは、お互いに通知し、交渉することを約束している。

その後明治二十七年に、宗教結社の東学党が李王家の政治に不満をもち、朝鮮半島各地で暴動を起こした。これはどこの国でも見られる反政府一揆の一種で、宗教活動というようなものではない。

在鮮の清国公使袁世凱は、この機会に朝鮮国への清国の影響力を強めようと考え、東学党鎮圧のために朝鮮国王が要請したという形で、清国から兵力を呼び寄せた。

天津条約により清国は、このことを日本に通知し協議する義務がある。それなしに派兵が始まったので、日本はただちに清国に抗議した。

「条約により、わが国と事前の相談をしてから兵を呼び寄せるべきだと存ずるが、それなしに多数の兵を朝鮮に入れられたことにつき、公使のお考えをお聞かせ願いたい」

ソウルでは、杉村代理公使が清国公使に詰め寄ったが、袁世凱はのらりくらりと言い抜けるだけである。

杉村の報告を受けた外相陸奥宗光は、ただちに清国にたいして強硬姿勢を示すことを、閣議で提案した。閣議は外交ルートで抗議するとともに、現地清国軍に対応できる数の陸海軍兵力を派遣することを決めた。兵力の派遣は、現地公使館および在留日本人を保護するためである。

朝鮮国政府は、歴史的な関係もあり、どちらかというと清国寄りであった。国王は日本との外交関係を考えて、国内の政治改革をして東学党の不満を抑える方向で、問題を処理しようとした。しかし、情勢はよくならない。そこに欧米諸国が、日清の関係に介入をはじめた。特にロシアは日本にたいして、朝鮮半島から撤退するように圧力をかけはじめた。

豊島沖海戦は、日清のこのような対立に、朝鮮半島をめぐる各国の利害が絡んだ状態の中で、それを解きほぐし、決着をつけるための始まりのベルになった。

寒気に行き悩む日本陸軍

明治二十七年六月十二日、仁川港に、日本陸軍一個大隊一〇〇〇名余が上陸した。清国軍に対抗して派遣される大島義昌少将の、混成旅団の先遣隊である。大隊はソウル南方の龍山に前進し、ここで、二日前から日本公使館警備に当たっていた海軍陸戦隊と交替した。

清国軍は六月八日に先遣隊が上陸していた。場所は、ソウル南方八〇キロメートルの牙山で、兵数は、十二日までに二四〇〇名に達していた。

日本軍はやがて後続部隊が到着して、六月末までに、八〇〇〇名近い混成旅団全部がそろった。

外交交渉はこうしているあいだにも進められたが、危機を回避するのはしだいに難しくなった。七月二十日、日本は清国に、最後通牒ともいうべき要求を突きつけていた。清国が主張しているような朝鮮国の清国への従属関係があるとすれば、このことを清算すべきだとする要求である。回答期限を二十二日と定めていたが、清国は十分な回答をせず、このときから外交交渉は決裂したとみなされていた。

ソウルの日本軍は、回答期限翌日の二十三日に、朝鮮国王の王宮を囲んだ。清国が手を出す前に、親日的な朝鮮政府をたてようとしたのである。しかし失敗したので、日清開戦後に力を背景にして、大日本大朝鮮両国盟約を結んだ。そうしてこれを、日本軍が清国軍を朝鮮半島から追い出すために、朝鮮半島内で行動できる根拠条約とした。

　この条約を締結する前にも日本は、日本軍が朝鮮半島内で、戦争に必要な人馬を徴発することができる臨時処置を朝鮮政府に認めさせていた。朝鮮政府は日清両国の力に屈服し、主体性を失っていた。

日清戦争。第二師団の食糧揚陸——不十分な補給に将兵は耐えた

　豊島沖の海戦が行なわれた日から五日後にあたる七月二十九日の早朝、牙山の近くの成歓で、日清両軍の初めての陸戦が行なわれた。清国兵約二五〇〇名にたいして攻撃側の日本軍は、二倍近い兵力を動員した。この戦闘で清国軍は、五〇〇名近くの損害を出して退却していった。

　こうして翌年春までつづく陸戦が始まったが、戦争は敵とは別に、雨と泥道、それに寒さとの戦いでもあった。

　成歓の戦いは雨期の最終時期に行なわれたので、強くはないが断続的な雨が行動に影響した。日本兵に支給されている外套は生地が厚いので、雨避けとして羽織ると暑い。靴はぬかるみの中で濡れて堅くなり、足の豆の原因になった。道路は幅が狭く、もちろん舗装はない。馬一頭が通るのがやっとである。騎兵でさえ、馬に乗らずに引き馬で歩くことが多かった。

泥道の中を滑りながら歩く歩兵の行動は遅々としている。二十五日にソウルを出発して成歓に向かった兵士たちは、一日九時間の行軍を四日間つづけて、ようやく戦場に着いた。距離は直線で八〇キロメートルにすぎない。

この移動のとき日本軍は、現地で人夫や牛馬を徴発して、輸送手段として使役している。しかし、自分たちに無関係な戦闘のために、安い賃金で輸送に協力しようとする人がいるわけがない。ある大隊では、夜間に人夫全員が逃亡したので、行軍を継続することができなくなった。そのため責任を感じた大隊長が、自決をするという騒ぎも起こった。

さて、敗れて成歓と牙山から撤退した清国軍は、迂回して北に向かい、清国領から鴨緑江を渡って南下してきた部隊といっしょになって、平壌で日本軍を待ちかまえていた。対する日本は大島混成旅団のほかに、その親部隊である広島の第五師団主力を、八月中旬に釜山に上陸させた。さらに名古屋の第三師団も動員して、両師団で第一軍を編成することになり、山県有朋陸軍大将を軍司令官に発令した。

動員された各部隊は、釜山や仁川、元山に上陸して平壌に向かった。これら部隊が平壌付近に集中して攻撃態勢をとったのは、九月十四日であった。

平壌に向かう部隊が悪路に悩まされたのは、成歓攻撃のときと同じであった。雨ですぐにぬかるむ道路が、行軍速度を遅くさせた。特に釜山に上陸した部隊は、行軍距離が長いだけに苦労が多かった。それに初めは、運送手段としての馬の準備が十分でなかったので、人夫に頼ることが多く、人集めにも苦労があった。

一万五〇〇〇名の清国兵が潜む平壌攻撃そのものは、思ったよりも短期間で終わった。日本軍は一八〇人の戦死者を出しただけで、九月十五日の午後に平壌市内に入城することができた。清国軍の総指揮官が成歓の敗将葉志超であったため、最初から逃げ腰であったことが、早い陥落につながったといわれている。

攻撃に参加した日本軍は一万二〇〇〇人で、攻撃開始時には、山県軍司令官はまだ現場に到着していなかった。平壌でようやく全軍を掌握した軍司令官は、いよいよ追撃戦に移った。

このころ海軍も、黄海海戦で大戦果を得ている。鴨緑江河口から五〇キロメートルほど沖で九月十七日に、日清両艦隊の決戦が行なわれた。「煙も見えず雲もなく　風も起こらず波たたず　鏡のごとき黄海は……」と、佐佐木信綱作詞の軍歌にあるように、この海戦は好天の中で行なわれた。ただ各艦の煙突から出る煙と発砲時の黒煙が無風のために停滞し、視界をさまたげるので、砲撃に支障があるという現象が見られた。

戦闘の結果、清国の主力艦は四隻が沈んだが、日本艦隊に沈没艦はなかった。日本の大勝利である。清国の残艦は、こののち根拠地威海衛に閉じこもっていることが多くなった。おかげで日本は、この方面の制海権を獲得し、陸軍の輸送船の運行を、安全に行なうことができるようになった。

ふたたび第一軍の行動に帰ろう。第一軍は十月二十四日に鴨緑江を渡り、清国領に入った後、苦戦しながら要地を少しずつ占領していった。別に、新しく編成した大山巌大将指揮の第二軍が、十月二十五日に遼東半島中部の花園口に上陸した。清国軍を、東から攻める第一軍と、南から攻め上る第二軍で挟み撃ちにしようというのである。

第二軍は上陸したあと、まず西方の旅順までを攻略した。その後半数が予定のとおり、第一軍と握手をする方向に進んだ。残りは二月初めに海を渡り、山東半島の威海衛を攻略した。このとき海軍は、威海衛港内に閉じこもっている清国艦隊の残艦を、海上から攻撃して撃沈破した。

二月初旬はまだ寒さが厳しい。野山には雪がある。もっとものあたりは、豪雪地帯ではない。それでも気温が零下一〇度以下に下がり、海が荒れてしぶきが凍りつくこともある。二月の作戦は楽ではなかった。

遼東半島の付け根付近で戦っている第一軍は、もっと条件が悪い。山県軍司令官は寒気に倒れ、天皇の命令で内地に送還された。あとは、第五師団長であった野津道貫中将が昇格して指揮した。

大本営は、冬季は攻撃を止め、万一敵襲があったときに備える布陣をして、冬営することを指令していた。しかし、陸軍の大御所で首相経験者でもある山県は、冬季の積極的攻勢作戦を主張していたので、大本営の参謀たちは困っていた。山県が倒れたことは、好都合であったかもしれない。

山県は長州萩の生まれであり、真の寒さは知らない。遼東地方のこの戦場は、積雪は三〇センチぐらいでそれほどでもなかったが、気温は零下二〇度にも下がっていた。そのため十一月中旬になると路面が凍結し、大河も凍って歩いて渡れるようになる。現地の気候の状況を十分に認識していなかった陸軍は、現地部隊から要求されてから慌てて、雪橇一二〇〇を調達するしまつであった。防寒用の特別の衣服はなく、普通の冬服の補給さえ十分ではなかった。

しかし、考えようによっては雪を踏んで歩くのは、泥道を歩くより楽な場合があった。十月末に鴨緑江を渡ったときは、工兵隊が臨時の架橋をする苦労があったが、十二月に入ってしまうと、河川が凍結したので渡るのに苦労がなくなった。滞っていた輸送路も、橇のおかげでスムーズに流れるようになった。おかげでようやく第一線まで、冬服が行き渡ったのである。

それまでは食糧の補給も十分ではなく、人も馬も最低限のものでがんばっていた。そのため体力の消耗が激しく、活動が鈍りがちであった。当時は兵士の普通の食糧支給量は、一日分が米麦七五〇グラムで、それに相当量の副食がつくことになっていた。しかし、輸送が追いつかず、実際の支給量は、基準の八割程度に減らされていた。馬も同様である。馬は人間の一〇倍も食べるので、補給が追いつかない。

そのために人も馬も病気にかかりやすくなり、凍傷や肺炎、脚気に悩まされた。夏は赤痢やチフスのような伝染病が多かったが、冬に多いのが凍傷であった。防寒用の衣服や靴があれば防げる凍傷が、寒地作戦の準備がなかったためと、補給輸送の能力が不十分であったために、防止できなかったのである。

戦争期間の全部を通じてみると、出征人員の半数が何らかの病気にかかった計算になり、その一割が死亡している。この戦病死数は、戦死戦傷死したものの数の三倍である。寒気対策ができていれば、死なずにすんだものが多かったであろうことが推測される。

しかし兵士たちは、その環境の中で真剣に戦っていた。

「おい、せっかく家があるところに来たのだから、中に入ったらどうだ」

分隊長が兵卒に呼びかける。

「いや、じっとしていると寒いので、外で仕事をしているほうが楽です」と答えた兵は、夏服の膝がすり切れて赤い膝が見えている。それだけに皆、寒さについての感度が高い。

あるとき騎兵の斥候が、敵に追われて味方の圏内に逃げ帰ってきた。

「小隊長殿、軍曹殿の姿が見えません」

「うむ、残念だ、戦闘に注意を奪われて気づかなかったが、生きていてくれればよいが」

小隊長は、部下の身を案じてその夜、遅くまで起きていた。そこに一人の軍曹がとびこんできた。

「イヤー、やりました、やりました」

「オー、生きていたか、よかったよかった。ところで、どうしていたのだ」

「はい、戦闘中に、せっかくここまで来たのだからと思い直し、馬首を返して渡河予定地点まで行って来ました。遼河は歩いて渡る分にはさしつかえありません。自分で氷の上を歩いて確かめてきたので、間違いありません」

「それはご苦労だった。ありがとう」

冬の戦場には、夏の戦場とは違うかたちの苦労があった。このような苦労のかいがあって、三月には遼東湾の海岸近くの営口から田庄台にいたる地域の戦闘で、日本軍が清国軍を追い払った。このころから形勢の不利を悟った清国政府は、講和に向けて動きだしたのである。

戦闘が終わった五月に、文士特派員の一人である正岡子規が金州城の近くで詠《よ》んだ句がある。

「大国の　山皆低き　霞かな」

戦火が収まれば、そこにはのどかな山村の風景があるだけであった。

日露戦争の幕開け

日清戦争開始時から十年後に始まった日露戦争は、日清戦争と戦争全体の流れで共通するところが多い。まず他人の土地で第三者が戦うという点に共通性がある。戦場は前回よりやや広がって奉天付近を含み、日本の相手がロシアに替わったが、日本軍の作戦は同じようなものになった。

陸戦が朝鮮半島から始まり、遼東半島に第二軍を上陸させたという経過は、まったく同じといってよい。艦隊決戦が戦局全体の行方を左右したことにも共通性がある。ただ日露戦争では、乃木第三軍の旅順攻略に予想外の時間がかかったが、それでシナリオが大きく狂うことはなかった。

日本の役者は、陸軍の山県、大山、乃木希典、海軍の山本権兵衛など、日清戦争で活躍したメンバーが、日露戦争にもそろって顔を見せていた。日露戦争が前回と同じようなものになったのは当然といえるのではないか。

戦場がほとんど同じであれば、気象条件もほとんど変わるはずがない。日本の兵士が雨にぬかるむ道の悪さに悩み、寒さに凍えたのは前と同じであった。一方のロシア軍は、旅順、大連とシベリア鉄道を結ぶ鉄道を完成させていたので、輸送については日本軍よりはましであったといえよう。また要塞に立て籠もっていたロシア軍旅順守備隊は、多くの食糧、弾薬を運び入れていたので、野戦の日本軍よりは楽な面があった。

日本軍も、日清戦争のときとまったく同じであったわけではない。日清戦争の教訓を承《う》けて、寒冷対策は、いくらか進歩していたし、輸送の対策として、レールを敷き、その上に手押し車を走らせる軽便鉄道は、各地で使用された。朝鮮半島内の釜山からソウルまでは鉄道が敷かれていたのでこれを利用し、延長工事も行なわれた。

そのおかげで、日清戦争のときのように雪の中で夏服を着たままという事態は、ほとんどなくなった。また脚気対策として麦飯を食べさせることが行なわれたので、脚気患者が大幅に減った。

ここでは共通性を踏まえたうえで、そのような事実と作戦の細かい関係を、気象の関係を重視しながら述べるのであるが、その前にまず、日露戦争の原因を述べておこう。

日清戦争後の朝鮮半島では、日本の勢力が強くなった。これを好まない閔妃は、ロシアの勢力と結んで日本を牽制しようとした。王父大院君は、日清戦争のときとは逆に日本公使の三浦梧楼に接近して、閔氏一族と対立した。一部の日本人が、この勢力争いを利用した。

三浦は一八九五年（明治二十八年）八月に公使としてソウルに赴任したとき、国王に信任状を奉呈した。ところが、国王の足下から女性の声がする。

「今度は前の井上公使のように、わが国のことにくちばしを入れぬよう、念をお押し下さいますように」

おかしいと思って後ろを透かしてみると、国王の背後の戸が少し開いていて、そこから声がする。

「どなたでございましょうか。私は国王陛下にお話申し上げております」

「王妃でございますが、この国では女性が直接、外国の方にお話することはできないことになっておりますので、国王を通して申し上げております」

通訳を介してではあるが三浦は、なるほど閔妃が政治を牛耳っているのは確かだと確信した。王妃はロシア公使と意思を通じているという。

三浦が公使になってからすぐ、日本のテコ入れで養成しつつあった陸軍洋式訓練隊を解散させる動きがはじまった。王妃を除かなければ、朝鮮半島はロシアのものになってしまうだろう。陸軍中将でもある三浦は、ある決心をした。腹心のものに言いつけて、閔氏一族と対立的な立場にある大院君を、力ずくで王宮に入れ、政治を牛耳らせようとしたのである。

「それ、探せ」

刀を手にした暴漢たちが、王宮内を右往左往している。日本兵が、大院君を奉じて王宮の入口を固めていた。暴漢たちは日本人で、朝鮮人も混じっている。

「あれー、キャー」と、悲鳴があがる。

「いたぞー」「やってしまえ」

茂みの中から引き出された中年の高貴な女性が、暴漢の一太刀に倒れ伏した。

日本人が閔妃を殺害したため、今度はロシア公使が介入してきた。朝鮮国王はロシア公使館に保護の名目で収容され、一年以上も王宮に戻らなかった。そのあいだにロシアは、朝鮮国への影響力を強め、その後、秘密協定を結んで、仁川の近くや馬山に、海軍用地を手に入れた。ほかの場所にも石炭保管場などを造っている。

ロシアは、清国の東北地域満州にも進出した。清国では一九〇〇年(明治三十三年)に義和団の事件が起こり、北京の各国公使館が襲われたので、欧米各国と日本が北京方面に出兵した。このときロシアも出兵したが、各国と足並みをそろえることをせず、この機会を勢力圏の拡大に利用した。

ロシアは、それ以前に清国と秘密協定を結んで満州地域内に鉄道を敷設していた。その鉄道を保護する名目で、ここにも兵を入れ、事件が収拾された後も撤兵しようとしなかった。

それだけでなく、ロシアが一八九八年に清国から強制的に租借していた旅順、大連地域を、鉄道を使って、シベリア経由で本国と結んだ。満州地域領有のために、少しずつ既成事実をつくっていきつつあったのである。

このころ英、米、仏、独などの国々も中国に進出し、鉄道敷設権や経済的な権利を得ていたので、それを損なうようなロシアの行動を黙って見ていることはしなかった。また日本も、せっかく自分が勢力を伸ばしつつあった隣国の韓国（一八九七年に改称）にロシアが入ってくることは、経済的な不利益に留まらず、安全保障上の不利益になるので、大問題として扱わざるをえなくなった。

そこで日本は、朝鮮半島内の日露両国の駐在兵力や通信線の設置について、ロシアと交渉した。この交渉について当時の外務大臣小村寿太郎は、つぎのように述べている。

「ロシアはこれまでの態度から見て、協約をまとめても、効果を永続させるつもりはないと思われる。ロシアは他の欧米諸国とは異なり、侵略欲が強く、止まるところを知らない。そこで日本は、イギリスの力を借りてロシアの東洋進出を抑えるため、日英同盟を結んではどうかと考える」

こうして日本は、一九〇二年（明治三十五年）一月にイギリスと同盟を結び、共同でロシアに当たることになった。

イギリスとしては、日本がロシアの勢力を追い出す先頭に立ってくれればありがたい。アメリカも同じ考えである。彼らは、自分たちの血を流すことなく、自分たちの権益を守ることができるのだから、日本がロシアと代理戦争をしてくれることに期待している。イギリスは香港に代表される古くからの権利を放棄するつもりはなく、それをどう守っていくのかという事とともに、新しく得た鉄道や鉱山の権利を拡張することが、課題になっていた。

日英同盟のおかげで、ロシアの態度はいくらか変わったが、日露交渉に大きな進展はなかった。大国の後押しを受けて日本は強硬な態度をとり、明治三十七年初めに、戦争で決着をつける方向に進みはじめた。

当事者であるべき韓国や清国は、自分の態度を明らかにすべきであったがその力がなく、戦争がはじまってから中立を宣言しただけであった。自分の土地や国民の権利を他国に戦争で踏み荒らされながら、力がなければ何もすることができないのが国際政治の現実である。

風波に翻弄された旅順港攻撃

戦闘は日清戦争のときと同じように、仁川付近ではじまった。明治三十七年二月六日の夕方であった。

「あれはロシア艦ではないか」

「そう思われます。千代田艦長から報告があった砲艦コレーツでしょう」

装甲巡洋艦「浅間」の艦橋で、司令官瓜生外吉少将と艦長の八代六郎大佐が、黒煙をたなびかせて仁川港を出港してくる軍艦を認めた。

「戦闘用意ッ」

司令官の命令で、「浅間」と二隻の巡洋艦が砲口をコレーツに向けた。魚雷艇四隻も追随し、コレーツが逃げようとしたのを見て一隻が魚雷を発射した。ロシア艦は慌てて発砲しつつ進路を変え、中立港の仁川に引き返した。

仁川にはもう一隻、ロシア巡洋艦ワリヤークが、自国公使館警備のために停泊していた。港外でコレーツが日本艦隊と戦火を交えたとき、日露は戦争状態に入ったと考えられるので、ワリヤークも、うかうかしてはいられなかった。彼らはまだ通知を受けていなかったが、日露の外交関係は、このときすでに断絶していた。

明治37年3月24日
第2回閉塞戦
延期時の気圧配置

ロシア艦コレーツと交戦した日本艦隊は、陸軍兵の輸送船を護衛してきたのであり、その夜のうちに陸軍兵を上陸させた後、ロシア艦にたいして港外に出るようにうながした。ロシア艦はやむをえず出港して戦ったが、多勢に無勢で、結果は最初から分かっていた。「浅間」の二〇センチ砲にたいして一五センチ砲で戦うのだから、その面でも不利である。それでも果敢に戦った両艦は、火災を起こして最後は自沈した。天候は平穏で、特に記すべきことはない。

瓜生少将の艦隊は連合艦隊の一部として佐世保を出港し、この戦闘を行なったのだが、連合艦隊の主力は、まっすぐ旅順に向かっていた。八日早朝、旅順港まで五時間の海域に到着した連合艦隊は、旅順港内の敵艦の攻撃準備をはじめた。

最初に投入するのは駆逐隊で、三四〇トン前後の駆逐艦四隻で編成されていた。この日の深夜、三個の駆逐隊が、旅順港に忍び寄った。風は冷たいが、それほど強くはない。

この夜、ロシア艦隊司令部の士官たちは、司令長官スタルク中将の招待でパーティーを楽しみ、艦に帰ったばかりであった。深夜、月齢二十三日の月が顔を出したころ、第一駆逐隊は月明かりを頼りに、旅順港入り口に停泊しているロシア戦艦群に向かって魚雷を放った。魚雷の一本はレトヴィザンに命中し、大爆発を起こした。さらに第二・第三駆逐隊が突入し、ツェザレヴィッチが艦尾に浸水した。巡洋艦パルラーダは、火災を起こした。ロシア艦隊は、手痛い打撃を受けたのである。

日本連合艦隊は、夜明けとともに第三戦隊巡洋艦部隊を派遣して、戦果を確認しようとしたが、旅順港方面は朝靄につつまれていて、はっきりは分からなかった。それでも二、三隻が損傷を受けているらしいことは分かった。

この報告にもとづいて連合艦隊の旗艦「三笠」以下が出撃し、ロシア艦を砲撃したが、致命的な打撃を与えることはできなかった。それだけでなく日本側にも、各戦艦の被害があった。

このときから、ロシア艦隊は旅順港の奥に潜み、日本艦隊は外側で脱出を警戒するという、お互いのにらみ合いがはじまった。港の入口周辺に砲台群があり、接近すると撃たれるので、日本艦隊は手のほどこしようがなかった。

日本艦隊としては、旅順艦隊が港外に出てこられなくすればそれで十分である。そこで約一〇〇メートルの幅がある港口を、沈船で塞いで通れなくしてしまうことを考えついた。

二月二十一日に最初の計画が実行されることになり、古い貨物船五隻が用意された。決死隊員に選ばれた海軍兵たちが運行する五隻と護衛の艦艇は、低気圧のために荒れている海を集合地点に向かった。しかし、荒れが収まらないため、この日の作戦は延期された。

二月二十四日になって、ようやく荒れが治まったので出発したが、突入は、零時三〇分の月の入りを待たなければならなかった。発見されて撃たれる危険を少なくするためだ。荒天で三日間遅れたことが、侵入時間二時間余の遅れにつながっていた。

まず港口の偵察のために魚雷艇が侵入したが、発見されて探照灯で照射され、砲撃された。これでロシア側の警戒が厳しくなったが、すでに四時を過ぎていたので、突入を遅らせることはできなかった。明るくなるとすぐに発見されて、砲撃目標になるからである。

貨物船隊は、指揮官有馬良橘中佐の天津丸を先頭にして港口に向かった。しかし、たちまち探照灯の照射と砲撃を受けて、港口まで到達することができずに沈んだ。

悪天候と月没時間の両方が船隊の行動を制約し、作戦をさまたげたからである。つぎは一ヶ月後の、暗闇の日を待たなければならなかった。

四隻が参加して三月二十四日に行なわれる予定になっていた第二回目の閉塞作戦は、やはり悪天候のために二日間延期されて、同じように失敗した。このとき二番船福井丸の指揮官であった広瀬武夫少佐が戦死したことは、小学唱歌にもとりあげられて有名になった。

「とどろく筒音とびくる弾丸　荒波洗うデッキの上に　闇を貫く中佐の叫び　杉野はいずこ杉野はいずや」

沈没しかかっている船から兵たちを退船させるときに、指揮官の広瀬が点呼をしたところ、杉野上等兵曹がいなかった。広瀬は危険を冒して船内を探し回ったが、見つからなかった。

「やむをえない、発進」と指令してボートを本船から離したとたん、ボートは敵の哨戒艦の射撃を受けた。広瀬の身体は、一塊の肉片だけを残して海中に飛び散った。

広瀬は一回目の閉塞作戦にも参加して、もっとも奥まで船を持っていって沈めている。特に志願して、二回目にも参加して戦死したので、功績で死後に中佐に進級し、軍神として讃えられた。

それはさておき、港口の閉塞が成功しないので連合艦隊は、第三回目の閉塞作戦を計画した。今度は十二隻である。大本営は物資の輸送に支障が出ることを心配しながら、ようやくこれだけの数の貨物船を準備した。

「前二回の結果を教訓にして、各船の指揮官には、あらかじめ現地の状況を視察してもらう。

探照灯の位置、砲台の位置、港口の状態などを、よく観察してもらいたい」

　指揮艦の林三子雄中佐が、各船の指揮官を集めて訓示している。やがて駆逐艦に分乗した指揮官たちは、旅順港を海上から遠望した。今回は船の隻数が多いだけでなく、ほかの面でも、準備を十分にした。今度こそという意気込みが伝わってくる。

　作戦予定日の五月二日は、朝から寒冷前線の影響による北西の風が強く、波高は二、三メートルに達し、白波が出ていた。しかし、旅順港付近は風が山にさえぎられるので、海面の荒れは少ないだろうという判断から、作戦は予定どおり行なわれることになった。だが、夜に入り、行動をはじめてからしばらくすると、寒冷前線が東南方に去り、風が南向きに変わった。これでは、港口付近に波が押し寄せる。

　そのため林総指揮官は、作戦中止を決心して、各船や護衛の駆逐隊に連絡しようとした。しかし闇の中であり、そのうえ海が荒れているので、命令が十分に伝わらなかった。結局、

広瀬武夫少佐（戦史後、中佐）

参加十一隻のうちの八隻が、中止を知らないままに突入してしまった。結果はこれまでと同じで、失敗である。

　船を沈めた後にボートで脱出した兵は、沖で待機している駆逐艦や水雷艇に収容される計画になっていた。しかし、突入船の半数の兵は、帰ってこなかった。ボートが波のために転覆したのである。

　低気圧と前線の通過のときに、風向が急に変わること

があることは、これまで何度も述べている。しかし当時は、その予報体制がととのっていなかった。現気象庁にあたる中央気象台がこの方面の観測体制をととのえたのは、この後に大連などを占領してからである。当時の連合艦隊司令部が、ほかの方法でこの方面の天気予報をしていた記録は見あたらない。

風雨寒気の中の作戦

こうして、旅順港内のロシア艦隊を閉じこめてしまう作戦は失敗した。そのうちにヨーロッパ側のバルチック海のロシア艦隊が、ウラジオストックに回航してくる準備を進めているという情報が入ってきた。旅順にはまだ戦艦五隻、巡洋艦二隻など多数の艦艇が存在しているので、西方の艦隊が合流すると、日本艦隊の二倍近い兵力になってしまう。合流前に各個撃破するのが、戦略の常識である。

しかし、旅順港内に閉じこもっているロシア艦隊を、海上から攻撃するのは難しかった。そこで連合艦隊は、背後の陸上から攻撃することを、大本営に上申したので、大本営は新しく第三軍を編成して、この任務にあてることを決定した。軍司令官は、日清戦争のときに旅団長として旅順攻略をした経験がある乃木希典大将であった。

その戦闘を述べる前にここで、このときまでの陸戦の状況を見ておこう。

瓜生戦隊の護衛で開戦時に仁川に上陸した陸軍の先遣隊二二〇〇名は、まず公使館や在留日本人を保護する配置につき、林権助公使が韓国に、日本への協力を約束させるための後盾になった。ついで先遣隊は、第十二師団の後続部隊といっしょになり、日清戦争のときと同じようにソウルから北に向かった。

そのうちに連合艦隊の旅順港攻撃と閉塞がはじまり、朝鮮半島西海岸が一応安全になった。そこで三月、平壌に近い鎮南浦に二個師団が上陸して、三個師団体制になった第一軍が、鴨緑江に向かって北上をはじめた。

鎮南浦は大同江の河口にあり、冬季は結氷する。そのため、氷が解ける時期を待っていたのである。軍司令官は黒木為楨《ためもと》大将である。途中、平壌でロシア軍騎兵斥候と軽戦して、四月末にいよいよ鴨緑江を渡る。

雪解けのため、行軍は泥道との戦いになったが、渡河も容易ではなかった。雪解けで水量が増えているからである。また四月末は移動性の高気圧、低気圧が交互にやってくるので、雨が降り出すと、水量が増えてどうにもならなくなった。

「おい、明日はいよいよ渡河だな。晴れてくれればよいが」

「これだけは、明日になってみなければ分からない。神に祈るだけだよ」

「筏に乗せた大砲を渡すのが大変だ。工兵の苦労が身にしみて分かるよ」

工兵は橋を架《か》ける責任があるが、砲兵も自分たちで大砲を渡さなければならない。それに、川を渡ると戦闘が待っている。

幸いなことに、四月二十九日と三十日に行なわれた渡河作戦のときは、雨はなかった。渡河終了後の五月一日の夕方から雨になったのだから、ついていたとしかいいようがない。こうして第一軍の戦闘は、緒戦は比較的順調であった。

つづいて奥保鞏《やすかた》大将の第二軍が大連東方の塩大澳《えんたいおう》に上陸したのは、五月五日である。この上陸は風波に悩まされる作戦になった。

内地から韓国北部の鎮南浦付近に集結した八〇隻余の第二軍輸送船団は、四個梯団に分かれて出発を待っていた。埠頭業務を行なう部隊を含む第一梯団の三〇隻は、三日の昼ごろ泊地を出発した。この日はゴビ砂漠の高気圧から吹き込む風が強く、海は荒れ、白波を巻き上げていた。そのため、海に慣れない陸兵は船酔いしていた。

「オイ、まもなく上陸作戦だ。酔っぱらっていては、敵にやられてしまうぞ」

「ハイ、分かってはおりますが、何ぶんにも、どこが天井だか、壁だかわからん始末で。この際キューッと一杯やると、迎え水のように酔いが収まるのでしょうが」

「バカモンっ、立て。立っておれば、少しは目が覚めるだろう」

そのうちに上陸予定地付近を偵察していた軍艦から、「天候不良のため上陸作戦延期」の無電連絡が、護衛の第三艦隊司令部にもたらされた。そこで船団は、元の泊地に舳先《へさき》を向け直した。

「おっ、いくらか揺れが少なくなったな」

「陸地に近づいたからではないか」

といっているうちに、命令が伝えられた。

「本日の作戦は延期する。船団は、泊地に引き返しつつあり」

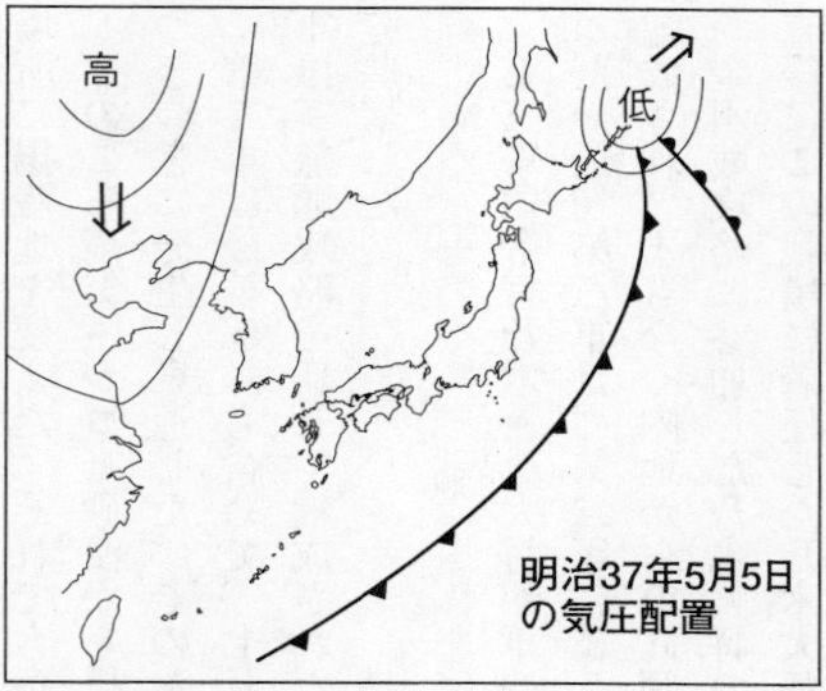

明治37年5月5日の気圧配置

これで張りつめていた気分がしぼみ、陸兵たちは床にへたりこんだ。

翌日も波風が収まったとはいえなかったが、前日よりはいくらかましな状態になったので出発した。風が弱まったのは、高気圧が南に移動したからである。五日早朝に塩大澳に到着した輸送船団は沖合で、先に上陸した海軍陸戦隊九〇〇名からの合図を待っていた。陸上にロシア兵らしい姿がちらりと見えたが、撃ってはこない。

やがて陸軍兵が上陸しはじめたが、風波が収まっていないので、接岸が容易ではない。仮設桟橋は、たちまち波に壊された。その中を軍艦のカッター（短艇）まで動員して、小舟による上陸がつづけられた。

翌日は風波がいっそう強まったので、揚陸作業が中断されたが、夕方に再開された。ここは遠浅の海岸なので、汽船は接岸できない。そのため上陸適地とはみなされていなかったが、そのことがロシア軍に油断をさせ、戦闘なしの無血上陸になった。

第二軍の最初の兵団が上陸を完了したのは、五月十三日であった。その後四次にわたる上陸期間中は、ほとんど毎日のように風波の強い日がつづいた。そのため、揚陸作業に支障が出たので、まもなくいくらか条件がよい場所に揚陸地を変えた。それでも多くの小舟が沈没破損している。

このころ高気圧がゴビ砂漠から揚子江方面にあり、これと対照して、低気圧が満州方面でつぎつぎに発生し東進した。そのため上陸地方面の風波が、強まり放しになったのである。

第二軍は後続部隊も含めて、七月初旬までに全軍が上陸した。上陸後、金州城を攻略した軍は、旅順攻略を新しく編成された乃木第三軍にまかせて、予定どおり満州の平原に向かって進撃した。


第三軍司令官乃木希典《まれすけ》大将が軍の指揮を執るために塩大澳に上陸したのは、六月六日であった。最初第三軍は、第二軍に属して金州城攻略に参加した第一師団と第十一師団で応急に編成され、まもなく内地から第九師団が加わった。

金州城攻略に参加した乃木大将の長男勝典中尉は、金州城外の南山で戦死していた。その直後にこの戦場に着任した乃木大将は、息子を偲《しの》ぶ漢詩を詠《よ》んでいる。

「山川草木うたた荒涼　十里風なまぐさし新戦場　征馬進まず人語らず　金州城外斜陽に立つ」

まもなく彼は、次男の保典少尉も、自分が指揮した二〇三高地の攻撃で失う。指揮官先頭、率先垂範のリーダーシップの手本のように見られていた乃木大将は、二人の息子の戦死を、当然のこととして受け入れなければならなかった。

さて第三軍は、三個師団を並べて旅順包囲網をちぢめ、八月十九日から旅順要塞の総攻撃

二〇三高地周辺——死命を制する要所として、死闘が展開された

をはじめた。旅順港の背後に、陸上から来る敵の防塞としてロシア軍が整備した砲台群は、秘密のベールにつつまれていて事前の情報収集を許さず、攻撃側にとってまさかと思われる頑丈なものになっていた。壁の厚さは五〇センチから一メートル以上もあり、石や煉瓦をコンクリートで固めた構造になっていた。そこから何百門もの大砲や機関銃が、遥か下方から攻め登ってくる日本軍兵士を狙っているのだからたまらない。

日本軍に大砲がなかったわけではない。最初の約二八〇門のほか、途中から、強力な二八センチ要塞砲一八門以上も加わった。これらの砲で、歩兵の突撃前に要塞を砲撃するのだが、弾丸が少ないせいもあって、砲撃の効果は十分ではなかった。

歩兵は、山腹にあらかじめ掘ってある突撃用の壕を伝わって要塞に接近する。だが、最後の段階の肉薄攻撃に移ると、たちまち砲弾や機関銃弾が、雨霰と降ってきた。特に十月二十六日からの第二回総攻撃では、二八センチ要塞砲が大活躍したが、結果はそれまでと変わりがなかった。

第三軍がそのように要塞を攻めあぐんでいるときに、

ロシア本国の艦隊が、バルチック海を出港してウラジオストックに向かったという情報が入ってきた。連合艦隊や大本営はやきもきしている。海軍は陸軍に、第三軍の攻撃目標を要塞群ではなく、その手前にあり、頂上から港内を観望することができる二〇三高地（標高二〇三メートル）に変更することを、再三にわたって申し入れた。そこを占領すれば、頂上に砲兵の観測所を置いて、港内の軍艦を射撃することができるというのである。

しかしこれは、いうのはやさしいが、そう簡単に実行できるものではなかった。第三軍のメンツだけの問題ではない。すでに長い時間をかけて、要塞攻撃のための陣地や交通壕を掘り、要塞を射撃するのに便利なように、大砲の陣地を造っている。それを変更するのは容易ではない。

ロシア軍は、この高地にコンクリートで固めた要塞を築くことはしていなかったが、砲兵陣地を置き、機関銃などでがっちり防御していた。第三軍はそれでも、少しずつ攻撃陣地を二〇三高地向けに変更し、十一月二十六日からはじまった第三回目の要塞総攻撃が失敗したとき、攻撃目標を二〇三高地に変更した。

この攻撃も容易ではなかったが、それでも十二月六日の朝、日本軍はどうにか二〇三高地を占領した。日本軍はさっそく、砲兵も海軍陸戦隊重砲隊も、ここに観測所を設けて港内の軍艦にたいする砲撃をはじめた。そのため軍艦がつぎつぎに破壊され、砲弾が旅順市内にも落下したので、ロシア軍の士気は、急速に衰えていった。同時に要塞方面の攻撃も進捗した。日本軍の攻撃を支えきれなくなった旅順のロシア軍は、明治三十八年正月一日に白旗を掲げた。

第三軍による旅順の攻略は、真夏から厳冬まで、四ヶ月半にわたった。長い期間なのでそのあいだ、天候、気象の影響を受けることも多かった。総攻撃がはじまった八月十九日は、雨期が終わろうとしている時期であり、攻撃初期の戦闘と陣地を造るための最初の工事は、雨の影響を受けた。

雨の中の戦いは、雨音で敵の襲撃の音が消される。

「今、何か音がしなかったか」と、歩哨が隣の歩哨に聞く。

「雨の音でよく聞こえなかったが、何か音がしたようだな」

そこで壕から頭をあげてみると、目の前にロシア兵が立っている。

「敵襲っ」と叫ぶと同時に、すぐ引き金を引く。

このような戦いは珍しくなかった。雨期に雷が鳴り、豪雨になるのは、このあたりの気象の特徴である。第三軍が編成されて、金州、大連付近から旅順に向けて前哨部隊を圧迫しているときは、特に雨に悩まされた。

雨の中で敵を追撃していくと、ぬかるみに足を取られる。高粱畑を抜けようとすると、葉にたまった雨滴でずぶぬれになる。

戦闘中の食事は乾パンで、それを飯盒の蓋に受けた雨水で飲み下す。戦闘はこのようなものだといってしまえばそれまでだが、雨の中の戦闘は、それだけ苦労が多くなった。

思いもかけなかったことは、せっかく集積していた精米が、湿気で腐ることであった。内地からようやく運んできた米が、兵士の口に入らないのではしかたがない。食糧を補給する担当者の主計官は、現地で高粱や大豆を米の代わりに集めなければならなかった。

秋は毎日晴天がつづく。しかし、すぐに寒さの季節がやってくる。第二回目の要塞総攻撃が行なわれた十月下旬は、戦場で外套が必要であった。日清戦争のときの教訓から、冬服、外套の準備は早めに行なわれたが、それでも物資の輸送補給で優先されるのは、弾薬や食糧である。寒い陣地の中で、夏服を着て震えている兵が出てくるのは避けられなかった。

あるとき乃木軍司令官が、そのような陣地で敵情を観察していた。

「閣下、外套が届きましたので、お召しになってください」

「ありがとう。しかし、兵たちに全部いき渡ったのかな」

「申し訳ありませんが、閣下の分だけでもと思いまして」

「そうか。それでは遠慮しておこう」

乃木は、副官がさしだした外套を着るのを拒んだ。率先垂範は楽ではないが、上に立つものが、そのような部下への思いやりを示すことで、団結が保たれるのが日本人の組織である。

十月下旬になると、いよいよ寒さが感じられ、攻略中の各師団は、冬の準備をはじめた。横穴を掘り、あるいは壕に天蓋をかぶせ、保温設備をするのである。旅順よりも緯度が高く、寒さが厳しい満州地域で行動している第一軍などは、もっと大変であった。零下二〇度を下回る寒さになるからである。

陸軍は薪炭を多量に調達して配給したが、それでも凍傷患者が出ることは避けられなかった。ただ日清戦争の経験から、内側が毛になっている防寒外套や、保温材が入った靴を支給したので、兵士たちは、だいぶ楽になった。

採暖用や炊事用には、炭が多く使用された。これだと煙が出ないので、敵に発見されにくくなる。滞陣中の部隊が、周囲の山から薪を切りだし、炭を焼いたため、山に木がなくなったところもあった。

気温は下がるが、満州地域は、それほどの豪雪地帯というわけではない。旅順はそれよりももっと雪が少ない。そのため満州地域でさえ、雪で交通が途絶するということはあまりなかった。満州地域では河川が凍るので、かえって交通が便利になる場合もあることは、前に述べたとおりである。しかし、もっと北のシベリア地域になると、雪も氷ももっと大きな影響を与える。

ロシアは開戦後、二メートルの厚さにもなるバイカル湖の氷を利用して、その上に鉄道を敷き、戦場への物資輸送に使っていた。あるときその氷に裂け目ができて列車が水中に落ち、大きな被害を出したことがあった。雪や氷の影響は、日本軍よりはロシア軍のほうに大きかった。ロシアが旅順に進出してきたのは、冬は、ウラジオストック港が凍りついて利用が制限されるので、南に不凍港を求めてのことであったことは、よく知られている。

冬ごもりの時期が終わった三月の初めに、奉天（瀋陽）のロシア軍に対する日本軍の総攻撃がはじまった。旅順を陥落させて北上した第三軍も、攻撃に加わっている。

最後の攻撃になった三月九日、十日は、戦線に春を告げる南風が吹き荒れた。低気圧の風が巻き起こす風塵で、視界は一〇〇メートル以下になり、ちょうど煙幕を張ったようになって、ロシア軍を包囲するために移動している日本軍の姿を隠してくれた。乃木第三軍は、自分たちも風塵に悩みながら、奉天の西を迂回して敵を囲んだ。

ロシア軍は気がついたときは包囲されていたので、慌《あわ》てて列車に乗り、ようやく北方に逃れて行った。砲弾がなくなっていた日本軍は、歯がみしながらそれを見送るほかに、しかたがなかった。

その後五月二十七日、二十八日に日本海海戦があり、はるばる西方から日本海の入口までやってきたロシア艦隊が、東郷大将が率いる連合艦隊に撃滅された。このとき日本の哨戒艦がロシア艦隊を発見したのは、早朝の海霧の中であった。艦隊に随行していた病院船が点《つ》けている灯火が、霧の中に浮かんでいるのを発見したのである。哨戒艦信濃丸は、無線電信でこれを、東郷司令部に報告した。

その前日に沖縄宮古島の帆前船が、このロシア艦隊を発見していた。しかし、島には通信施設がないので、西南西に一〇〇キロメートル以上離れた石垣島に、サバニと呼ばれるくり船を走らせた。そこから電報を打たせている。漕ぎ手五人が乗った船は、向かい風に悩まされたというが、これは北京方面にあった低気圧に吹き込む風が影響したのだろう。残念ながらこの通報は、信濃丸の通報よりも一時間遅れた。その後の日本海海戦についてはよく知られているので、ここで詳しく述べることはしない。

ともあれ気象現象は、戦争のあらゆる場で、敵味方にいろいろの影響を及ぼしたことがこれで分かっていただけたであろうか。

陸軍大学校戦史教育と古戦史

日露戦争は戦術戦略面から見ると、ドイツ陸軍参謀将校メッケル少佐が日本の陸軍大学校で教官として学生に教えたことの実験であったといわれることがある。

陸軍大学校教官メッケル少佐

明治十六年に発足した陸軍大学校は、最初は砲兵、工兵の運用を重視するフランス式教育をしていた。しかし明治十八年三月にメッケルが着任してから、彼の三年間の任期の間に、完全にドイツ式になった。歩兵を中心にして砲兵工兵など、その他の兵科を支援的統一的に運用し、機動を重視して、兵力を敵の弱点に集中し攻撃する戦術戦略を行なうようになった。そのために大切な役割を果たすのが参謀であり、学生は陸大で、統一された戦術戦略や参謀としての服務要領を体得した。

日露戦争のときの大本営や満州軍および各軍の陸軍参謀は、ほとんどがこのメッケル式の陸大教育を受けていた。満州軍総参謀長の児玉源太郎大将も、メッケル来日のとき、校長としてその教育内容を理解していたので、参謀たちの意思の疎通はよかった。

ところで戦略戦術を学ぶとき、戦史に例をとって考えるとわかりやすい。そのため陸大では、戦史に割り当てられた時間が比較的多かった。陸大教育期間は三年間であるが、戦術の時間は現在の大学の単位でいうと、一六単位ぐらいである。戦史の時間数もその半分ぐらいになっていた。大正時代になると、戦史の時間がもっと増えて、戦術とほぼ同じぐらいの時間割当になった。

昭和四年に陸大を卒業し、その後陸大兵学教官を務めたことがある池谷半次郎少将は、「陸大教官中には、日本古戦史、ナポレオン戦史、日露戦史、第一次世界大戦史などの権威者も少なくなかった」と、回顧している。東条英機大将や石原莞爾中将も、陸大で戦史教官を務めたことがある。

このような戦史重視の雰囲気は、陸大以外にも伝わった。陸軍将校が連隊など地方で勤務するときは、かならずその地方の武将の古戦史を実地に研究したものである。日本の古戦史は動員兵力が、多くても一、二万人であるのが普通だ。動員兵力は一万石の石高について三〇〇人から、多くても五〇〇人ぐらいである。一万人動員できるのは大大名である。戦記物には兵力を誇張したものが多いが、人口から見て無理な数であることが多い。しかし二万人であれば、師団の兵力並みであり、将校にとって理解の範囲内にあった。下級将校にとっても地方武将の数百人規模の戦闘であれば、中隊戦闘ていどなので、研究するうえで手ごろである。

こうして古戦史の研究気運は、下級将校の間でも広まった。ここでは、彼らが研究の対象にしたそのような古戦史のいくつかを気象の観点から眺め、その中から彼らが何を学んだかを記しておこう。

よく取りあげられる古い戦史に源平合戦がある。内容のほとんどは平家物語など戦記ものに頼っているが、まったくの嘘ではないと思われる。中でも源義経の活躍が際立っているが、彼が気象現象を利用した例として、屋島攻めを挙げることができる。

都落ちした平家の大軍は一の谷の合戦の後、四国高松の東方、屋島に陣取っていた。源氏の兵は今の大阪側から船で海を渡り、平家軍を攻めようとした。しかし、元暦二年（一一八五年）の、現在の暦で三月中旬にあたる季節の海は、春の嵐の通過のために荒れていた。源軍は、一度は海に船を浮かべてみたが、すぐに風のために押し戻された。当時の兵船は舸子たちが櫂で漕ぐ。風に逆らって海に出ることは難しかった。義経はやむなく、風が変わるのを待つことにした。

深夜、風は相変わらず強かったが、風向きが変わり、追い風になった。低気圧中心が通過してしまい、西側の寒冷前線上の風域に入ったからであろう。義経は船を出すことを決心したが、梶原景時など名のある武将たちは、しり込みしている。坂東武者は陸戦には強いが、海に慣れていない。やむをえず義経は、自分に従うことを申し出た一〇〇名ばかりを連れて海に出た。船は強風に乗って、足掛け三日の航程を、フェリーボート並みの速度で駆け抜け、夜明けに対岸に着いた。

まさかと思っていた平家軍は、島の裏手から放火と奇襲攻撃を受けて慌て、船で海上に逃れた。上陸後に加わった兵を入れて一五〇名ぐらいの源軍が、十倍以上の平家軍を追い落としたのである。

将校たちはこの戦史から、奇襲の効用や決断の重要性を学んだ。これは中国の孫子の兵法が説いていることでもあり、将校たちは間接的に、孫子研究の必要性も知ったのである。また諸葛孔明が揚子江の赤壁で、風向きの変化を予知して敵船を火攻めする準備をさせたのと同じような例が、日本にもあったことを知り、日本の古戦史の研究が大切であることを認識した。

戦国時代の戦史は、上杉謙信と武田信玄の川中島の合戦がしばしば研究対象になった。長野県の千曲川と犀川の合流点付近で、永禄四年（一五六一年）秋に行なわれた両雄の四回目の決戦であり、謙信の戦上手《いくさ》と霧の利用術が喧伝されている合戦である。兵員は謙信軍が八〇〇〇人、信玄軍が二万人といわれているが、戦場にいた信玄軍の実兵員数は、一万五〇〇〇人を下回るだろう。

半月の対陣の後、謙信は信玄軍の海津城中に、あわただしい動きがあるのを見てとった。敵の夜襲の企図を見抜いた謙信は、夜に入ると直ちに陣を払い、前面の千曲川を渡って明け方の逆攻撃を準備した。案の定、信玄は裏手から夜襲に回った半数以外の兵を横隊の鶴翼に陣取らせて、謙信軍を前後から挟み撃ちにしようと待っている。

やがて朝の川霧が濃くなったが、謙信はその機会を待っていた。霧に隠れて縦隊の車懸かりの陣形をとり、信玄軍の中央めがけて突入したのである。先頭が疲れてくると、後ろの新手が前に出て戦う。最後は謙信自身が信玄の本営に駆け寄り、馬上から信玄に一太刀浴びせた。

武田軍は名のある武将多数が討ち死にした。上杉軍も同数以上の戦死者を出し、越後に退いた。

謙信は対陣中に、敵の動静や気象状況をよく観察していた。そのため武田軍の炊飯の煙から夜襲企図を察知し、先手を打つことができたのである。また、朝霧が出ることも知っていたので、これを利用して信玄本営に接近することができたのである。

陸軍将校たちはこの戦史から、情報の重要性や気象現象を戦闘に利用する必要性を学んだ。川中島に近い松本や高田の連隊付将校はもちろん、全国の将校たちがこの戦史に関心をもっていたのである。

自然現象を利用するのに巧みであった戦国武将に、羽柴秀吉こと木下藤吉郎がいる。彼は少年時代に諸国を放浪し、人情の機微に通じていて人を動かす能力を発揮したことで知られている。

彼は城の石垣修理工事をするのに、あらかじめ担当範囲を決めておいて競争で工事をさせ、早くできたものに恩賞で報いるといった現代的な管理手法で有名である。若いときから小隊長や中隊長として数十人、数百人の組織を動かす責任を負わされる陸軍将校にとって、秀吉のリーダーシップは参考になった。

秀吉はそれだけでなく実戦の場で、自然現象を利用する能力を発揮した。洪水の中で材木をいかだに組んで敵地に到着し、荒天にまぎれて、一晩で墨俣城と呼ぶ砦を築きあげた腕は、主君の織田信長に高く評価された。

彼は放浪生活の中で多くの体験をし、どうすれば雨にぬれずに寝ることができるのか、洪水から逃れるためにはどうすればよいのかというような、自然とのかかわり方も学んだ。

そうして得た自然現象をうまく取り込む能力が発揮されたのが、備中岡山の高松城水攻めである。これは信長の部将として毛利氏と対陣していたときの攻略戦であり、その最中に信長が本能寺の変で殺されたので、難しい判断と行動を迫られた事例である。

毛利軍の最前線にある高松城は平地の中の城であり、水攻めしやすい。ちょうど梅雨の季節で、近くを流れる足守川が増水していた。秀吉は生まれ故郷近くの木曽川流域で、人々が洪水から集落を守るために周囲に堤防を築き、輪中と呼ばれる堤防の中の生活をしていることを知っていた。そのため、城の前面に堤防を築き川の水を引き入れて、城を水浸しにする戦略を思いつくのは簡単であった。

彼は持ち前のリーダーシップを発揮して、あっという間に堤防を造り、二キロの幅がある人工池を出現させた。水浸しになった城を救援するためにやってきた毛利軍は、どうすることもできない。城主清水宗治は、ついに切腹して開城した。

孫子は、城を力攻めするのは下の下策だといっている。将校たちは、武器を使わないこのような戦もあることを知ったのである。

慶長五年（一六〇〇年）の天下分け目の戦いといわれている関ヶ原の合戦は、秀吉死後の覇権争いに終止符を打つものであった。東軍と呼ばれる徳川家康軍と石田三成を中心とする西軍が、岐阜県の西の琵琶湖方面に抜ける街道の途中にある原野で戦ったのである。

この戦いは参謀本部編纂の『日本戦史』に大きく取りあげられているが、その中ではどちらかというと、戦略的な両軍の事前の動きと、戦場での布陣、戦術的な駆け引きの記述が重視されている。多数の大名が東西に分かれ、合わせて十数万の兵が戦った天下分け目の戦なのだから、大兵力の運用を学ぶ適当な材料であることは疑いない。しかしよく見ると、その中に戦場での気象現象の利用や気象変化への注意事項も示されている。

大垣城に入った石田三成と大垣城の北にある小高い丘、岡山に陣を構えた徳川家康は、城外で小競り合いをした。その夜、どちらの軍も闇にまぎれて、西の関ヶ原に移動を始めた。折から秋の低気圧の接近のため雨が降りだし、両軍の行動に影響した。先に移動を始めたのは西軍であるが、城の裏手からひそかに抜け出て、東軍と山を隔てた道を経由して関ヶ原に出たので、東軍の先頭がそのことに気づいたのは、関ヶ原に入ってからであった。雨は、家康軍よりも悪路を行く石田方の行動を難しくしたが、一方で雨音が、移動の音を消してくれる効果があったからである。

関ヶ原は周囲を山に囲まれた原地で、山の高みを西軍が占領していたので、家康軍の態勢は不利であった。しかし、幸いに霧が家康軍の動きを隠してくれていたので、その中で家康は、先制攻撃を始めることができた。家康は川中島の謙信のように意図して、霧を利用しようとしたわけではない。そのため最初は苦戦しているが、そのうちに内通していた西軍の小早川軍が矛先を西軍に向けたために、形勢が逆転した。

家康はたぶん、石田三成の本拠地がある琵琶湖方面に軍を移動し、後から進出してくる息子の秀忠軍の大垣付近到着に呼応して、西軍を挟み撃ちにしようとしたのであろう。しかし、三成に先を越されたので、やむなく霧の中で決戦をする羽目になったと思われる。自然現象は、作戦計画を狂わせてしまうことがある。将校たちは、関ヶ原の現地に立ってみて、初めてこのことを知ることができた。今でもここは雨や霧が多く、冬は雪が、東海道新幹線に徐行運転を余儀なくさせている。

日露戦争の旅順攻略作戦が停滞していたとき、攻略軍司令部にやってきた満州軍総司令部の児玉源太郎総参謀長は、参謀たちが第一線の状況を自分の目で見ることなく、作戦計画を立てていることを叱責した。戦史を研究するときも、現地で地形や気象の特性を知ることが大切である。現地を自分の目で見る必要性を教えたのは、やはりメッケルであった。

第五章——現代の戦争と気象

台風にたたられた朝鮮戦争の米軍

一九五〇年（昭和二十五年）六月二十四日、台風エルシーが玄界灘を抜けて日本海から北海道方面に去った。ソウル付近は山東半島からの高気圧の張り出しで、久しぶりに晴れ間が見られそうな天気模様になった。

当時、朝鮮半島は北緯三八度線で南北に仕切られ、それぞれ米ソの勢力圏に入っていた。地図上に引かれた便宜的な緯度線が国境のようになり、北朝鮮の朝鮮民主主義人民共和国と南朝鮮の大韓民国がにらみ合っていたのである。敗戦時に連合国のポツダム宣言を受諾した日本は、その結果として朝鮮半島の統治の権利を放棄していた。朝鮮半島は、連合国が講和会議で処分を決めるべきなのだが、いつのまにか二つの国ができた形になっていた。

三八度線のすぐ南にある開城は、南北両軍の衝突が絶え間ないところであった。ここを守っている韓国第十二連隊は、標高二〇〇メートル付近に陣地を構えていたが、北朝鮮軍はその山続きの、標高三、四〇〇メートルのところに陣地を置いていた。高いところから見下ろすことができる北朝鮮軍のほうが有利だが、人為的に境界線を引くと、このようなことが起こりやすい。それだけ衝突も起こりやすくなるのである。

六月二十五日は日曜日とあって、韓国第十二連隊の兵営には、兵士の数が少なかった。外出せずに残っている兵は、非常時の要員である。朝五時ごろ、この兵士たちは、「ドカーン」という炸裂音が起床ラッパの代わりになり、目を覚ました。「敵襲ッ。総員配置につけ」という命令を待つまでもなく、手早く準備をととのえた兵士たちは、持ち場に向かって駆け出していた。

北朝鮮軍は、高い位置から尾根伝いに攻め下りてくる。防御陣地で戦闘がはじまったが、長くは続かなかった。境界で切り離されていた鉄道の線路を接続した北朝鮮軍が、列車に乗って韓国守備隊の背後に回った。南北から挟み討ちにされたのではたまらない。韓国兵たちは、散りぢりになった。四時間半の戦闘後に戦線を脱出できたのは、連隊長とわずかの兵だけであった。

北朝鮮軍が侵入したのはここだけではない。境界線沿いの各地で戦闘がはじまっていたが、T34戦車を先頭にして攻めこんでくる北朝鮮軍に、韓国軍は対抗手段を持たなかった。アメリカの統治政策のせいで、韓国軍は戦車を持っていなかったし、大口径の砲も持っていなかったからである。一部では、かつて日本軍兵士として戦ったことがある下士官たちが指導し、爆雷を背負って肉弾で戦車を破壊することに成功したが、あとの攻撃が続かなかった。

北朝鮮軍は、ＹＡＫ1など攻撃機一〇〇機を戦闘に参加させていたが、韓国軍は少数の練習機や連絡機しか持っていなかったので、その面でも不利であった。そのため首都のソウルは、早くも四日後に北朝鮮軍が占領してしまった。

戦闘初日を除き、戦場の空は曇りがちであったが、航空機の運用は可能であった。しかし、日本列島は梅雨どきの低気圧や前線の影響で雨が多く、飛行するのに支障がある天候が多かった。

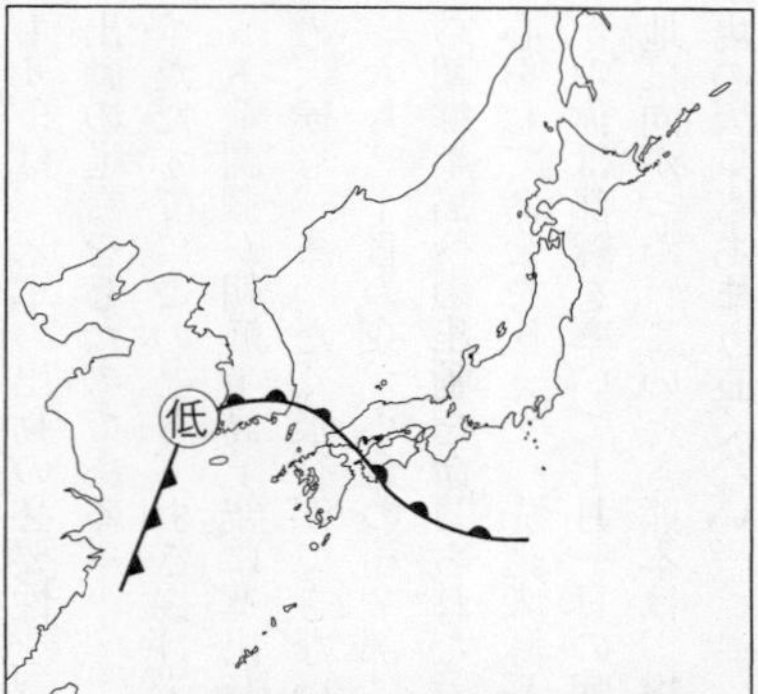

昭和25年7月1日9時の低気圧

日本占領の連合国軍最高司令官であり、米極東軍の総司令官であるマッカーサー元帥は、この戦争開始後、最初のうちは、朝鮮半島にいる米人を避難させるために行動することを、米大統領から命じられていただけであった。しかし、まもなく韓国軍を支援する命令を受け、七月八日には韓国軍を支援する国連軍総司令官に任命された。

彼は朝鮮の状況を自分の目で見て判断するために、六月二十九日に、東京から朝鮮の前線に近い水原飛行場に飛んだ。このときも東京は雨であったが、水原は飛行に支障がない天気で、彼の到着直前に、避難用米軍輸送機が、北朝鮮軍のＹＡＫ機に破壊されたばかりであった。おかげでマッカーサーは、米軍の出動の必要性を認識させられ、東京からトルーマン大統領に電話をして、出動の進言をしたのである。

ただすでにこのとき、引き揚げ米人の輸送機を援護する名目で、北九州方面からF80ジェット戦闘機が朝鮮半島上空に進出していたので、北朝鮮機の脅威になっていた。北九州方面の天候も、まったく飛行ができない状態ではなかったのである。

六月三十日の夜、小倉の司令部にいた米第二十四師団長ディーン少将は、東京の司令部から朝鮮半島への出動を命じられた。彼はまず、熊本の第二十一連隊の一個大隊を先遣する決心をして命令を伝えた。先遣大隊長は、スミス中佐である。

中佐は部隊を率いて七月一日の朝三時に熊本を出発し、輸送機が待っている福岡の板付基地に向かった。このとき熊本は、梅雨末期の前線の活動のため土砂降りであった。板付飛行場の天気もあまり良くない。

「水原はすでに通信連絡がとれなくなっており、輸送機がなんとか使える飛行場は釜山だけです。しかし、向こうの天候が悪く、着陸できるかどうか分かりません」と、パイロットが中佐にいう。

「一刻も早く海を渡りたい。どこでもかまわないから、着陸してくれ」

少なくともソウルとの中間の、大田に進出したい中佐は焦っていた。輸送機パイロットは、天候を気にしながら離陸して釜山に向かったが、釜山上空は霧につつまれていて着陸できる状態ではない。やむをえず引き返してしばらく上空で待機したが、現地から霧が晴れたという連絡はない。晴れそうだという情報で釜山に飛んだが、まだだめということを繰り返した。ようやく釜山飛行場に着陸したのは一四時過ぎであった。大隊はその後すぐに列車に乗り、前進している。

この日の天気図を見ると、低気圧が釜山付近にあり、これが東に進んで釜山を抜けるまで、天気が回復しなかったことが分かる。日本と陸続きの土地であれば、先遣隊は霧に関係なく陸上を戦地に向かったのであろうが、海が行動の障害になっていた。

このころ韓国軍はまだ、ソウルで防衛戦を続けていた。もし水原に着陸できていれば、米先遣大隊も防衛戦に参加できたかもしれない。水原飛行場の連絡途絶は、北朝鮮軍に占領されたからではなく、飛行場駐在の軍人たちが慌てて、早めに通信装置などを破壊して退去したためであった。米軍顧問もその中にいた。情報とそれを伝える通信手段は、あらゆる作戦をするときの基本事項である。気象情報もその中に含まれている。

もっとも米先遣大隊は、北朝鮮軍のＴ34戦車を阻止できる兵器を持っていたわけではないので、ソウルに進出しても戦闘結果を変えることはできなかっただろう。たった一つの対戦車兵器バズーカ砲は、弾丸が敵戦車に命中しても、かすり傷をつけることができるぐらいの性能しかなかった。このことを知った米軍は慌てて、本国から口径が大きいバズーカ砲を取り寄せ、対戦車砲兵も展開させたが、それまでは飛行機のロケット砲や爆弾で対抗するほかはなかった。

飛行機の行動が天候で左右されることは、これまでに述べたとおりである。航空兵力の面で最初は、米軍機が北朝鮮軍航空機を上回ってはいたが、米軍の機数が極端に多いわけではなかった。そのため北朝鮮地上軍は、夜間や雨天時にどんどん進出してくる。米本国から増援軍が到着する八月初めまでに、北朝鮮軍は、釜山から八〇キロメートルの地点まで進出していた。

特に戦場の天候が悪かったのは、七月五日から八日のあいだで、小雨が続いた。その後七月二十二日にグレース台風が南朝鮮に上陸したので、その前は天気の悪い日が続いた。それでも米軍のF80戦闘機、B26爆撃機が、北九州方面を基地にして、悪天候の合間に北朝鮮軍の攻撃をした。沖縄に展開した戦略空軍のB29爆撃機も、攻撃に加わった。

海軍の空母機も、同じように攻撃をしている。その中に英海軍空母機も混じっていた。七月三日には海軍機が、北朝鮮の首都平壌を航空攻撃している。よくない天候の中で航空部隊は、よく頑張っていた。

朝鮮半島は日本列島と同じように、山が多いところである。そのため山の上空で上昇気流が発生して、飛行に影響する。また下層雲が山にかかって視界を妨げたり、地上から見ると霧のようになったりする。山間の盆地には朝霧も発生する。そのため、これが作戦に影響することがある。

ここで霧が地上戦に影響した例を述べてみよう。

朝鮮南部の中央から西側にかけて、車嶺山脈が走っている。この山脈を越える山道の途中の全義で、開戦二週間後の七月十日に、朝霧の中の戦闘があった。

ここを守っていたのは、歩兵第二十四師団のゼンセン中佐が指揮する歩兵大隊と砲兵隊である。前日の七月九日に、それまで雨を降らせていた低気圧が東に去り、朝鮮半島は西から張り出してきた高気圧に覆われて、好天気になりつつあった。

朝鮮戦争——1950年6月25日、砲撃を開始した北朝鮮軍砲兵部隊

この当時の中国大陸は内戦がまだ完全に決着せず、気象観測データの放送はなかった。大戦中の日本もそうであったが、戦争がはじまると、たとい気象観測が行なわれていても、一般向けにデータを放送したり、天気図を発表したりすることはしない。相手に利用されるからである。

朝鮮戦争開始後の朝鮮半島内は混乱しているので、気象観測さえまともには行なわれていない。付近洋上の艦船からの情報や周囲の観測データ、航空機の偵察情報などから推測して、天気図を描くほかはないのである。不思議にこの当時、シベリア方面のデータは放送されていたので、利用できた。

そのような状態なので、高気圧が中国山東方面から張り出したといっても、正確なことは分からない。

それでも、全義付近が十日に好天になるであろうことは、敵味方ともにあるていど予想していたはずである。その付近の観天望気に詳しい地元の住人であれば、そのような日に朝霧がでることは予想できる。

好天のときは飛行機の活動ができるので、相手側の戦車は行動しにくい。ただ道路は乾いているので、戦車はキャタピラがぬかるみにはまることはない。北朝鮮軍の戦車はすでに九日に、全義付近の山中を進撃しつつあった。

一一両縦隊の先頭車が、やがて米軍砲兵隊の一五五ミリ榴弾砲のために破壊された。さらに要請を受けて出動した米機F80が、戦車を攻撃し、四両を破壊した。そのほかに車両一〇〇台も破壊している。こうして、北朝鮮軍の攻撃は押しとどめられた。

しかし、そのまま引き下がる北朝鮮軍ではない。翌日早朝の霧を待っていたのである。

「おい、何か黒いものが見えなかったか」

タコ壺の中で霧をすかして前方を監視している米兵が、隣のタコ壺の兵に問いかけた。

「ドカン、バリバリ」

問いかけられた兵は答えるひまもなく、手榴弾と自動銃の乱射の中で血を流して倒れた。もう一人も同じような目にあった。北朝鮮兵は霧の中を這い寄って、警戒兵のすぐ横に現われたのである。

あちらでもこちらでも爆発音と銃声が響く。「迫撃砲、発射ッ」の命令で、むやみやたらに霧の中に砲弾が飛ぶが、効果はない。その音にまぎれて霧の道路を進んできた戦車が、突然向きを変えて、迫撃砲陣地を踏みにじった。

そのうちに霧が晴れた。米軍は航空攻撃を要請したが、F80は、すぐにはやって来ない。そのうちに米軍歩兵陣地は、むちゃくちゃに戦車に荒らされ、通信線が切れて、後方の砲兵との連絡さえつかなくなった。航空部隊と連絡するどころではない。

米軍砲兵は連絡がないままに砲撃をするので、同士討ちになった。これはたまらぬと逃げ出した米兵に、やっとやって来た米軍機も、銃弾の雨を降らせた。

こうして霧を利用する北朝鮮軍の作戦は、大成功を収めたのである。

マッカーサーの鼻が高くなった仁川上陸

国連軍編成命令がでてからマッカーサーは、日本に駐留する第二十五師団と第一騎兵師団を、七月中に朝鮮半島に移動させて、第八軍として行動させた。日本に残ったのは、第七師団と後方支援組織だけである。そのため日本の治安維持に不安があり、マッカーサーは日本政府に命じて、警察予備隊を発足させた。これが自衛隊の歴史の始まりである。当時の日本国内には北朝鮮のゲリラやそのシンパがいて、暴動を起こす恐れがあった。警察予備隊の編成は、その対策であった。

敗残の韓国軍も八〇〇〇人前後の師団に再編成され、五個師団が国連軍として、米第八軍司令官ウォーカー中将の指揮を受けることになった。

八月に入ると、ハワイやアメリカ本土からの増援軍がつぎつぎに到着した。おかげで国連軍は、釜山周辺の三〇から五〇キロメートル範囲の最後の防衛線を、どうにか守りきることができた。北朝鮮のT34戦車に対抗できるM4中戦車や三・五インチバズーカ砲も到着したので、北朝鮮軍はそれほど恐ろしい存在ではなくなった。

こうしていくらか戦線が安定してくると、今度は国連軍が大反攻をして、北からの圧力を跳ね返すべきだという声がでてくる。昭和二十五年八月二十三日、東京の国連軍司令部で、そのための会議が行なわれた。米本国から陸軍参謀総長、海軍軍令部総長および空軍代表がやってきて、会議に参加した。

まずマッカーサー司令部の作戦部長ライト陸軍准将が、作戦の基本計画を説明する。

「北朝鮮軍の侵入からすでに二ヶ月が過ぎ、かれらも大きな損害を受けております。彼らの開戦時の兵員は半数以上が消耗し、最近はT34戦車を、第一線で見かけることが少なくなりました。彼らは海空の輸送路を持っておりませんので、輸送は陸のルートに頼るほかありません。だが、日中はわが軍の航空攻撃を受けるので、トラックはほとんど動けず、夜間輸送と人力輸送に頼っているのが現状です。われわれは、敵に残されたわずかのこの補給輸送路を断ち切るために、仁川で大規模の上陸作戦を実施したいと思っております」

つづけてライト作戦部長は、全体計画の概要と陸軍の計画を説明した。その後に演壇に立った海軍参謀は、上陸作戦を計画するうえで欠くことができない上陸海面の状況と、そこでの海軍の運用の細部を説明した。

「海軍は空母機動部隊と支援艦艇による上陸支援のほか、上陸部隊を海岸まで輸送する責任を負っております。そのさい、もっとも問題になりますのが、上陸地仁川海岸の、干潮満潮の潮位の差が、平均で二〇フィート（七メートル弱）にも達するということです。そのため干潮時には干潟が二マイル（三・二キロメートル）幅に広がり、通航ができるのは中央の幅三〇フィート（九メートル）の、水深が浅い通路だけになります。敵は当然ここに機雷を設置し、そこにいたる手前の水道にも機雷原を設けるものと考えられます。

機雷の掃海は必要ですが、満潮時に機雷原がない海面も使用して、同時に広い海岸に上陸することが望ましいと思われます。そのためには大潮の時期を選び、二時間以内に上陸をすませることが必要になります。これは容易なことではありません。敵の防御態勢や、わが方の航空支援の状況など、多くの要素が上陸時間の短縮に絡んできます。また大潮は月に三日間だけで、潮位が高いこの日でなければ、上陸艦ＬＳＴが接岸できないことも問題になります」

海軍はどうも、仁川に上陸することに乗り気ではないようだ。軍令部総長は海軍参謀のこの説明に同意を示し、「仁川は上陸作戦に適当な場所ではない。もう少し釜山に近い群山にしてはどうか」といった。参謀総長も、「仁川は釜山から離れすぎている。上陸部隊がうまく上陸したとしても、釜山方面の第八軍と連携して行動することはできないのではないか」と、戦略上の疑念を示した。

このような意見にたいしてマッカーサー元帥は、「仁川は釜山の戦場から離れている。だからこそ敵は、あまり警戒していないだろう。海岸の状況が上陸するのに難しいとしても、それがかえって敵が油断をする原因になり、作戦を成功させるのではないか。群山だと、敵の抵抗が強く失敗する可能性が強くなるが、仁川だと敵を心理的に奇襲することになるのではないか。それよりも大切なことは、仁川に上陸すれば、完全に敵の補給輸送線を断ち切ることができるということだ。そうすれば釜山周辺の敵は、放っておいても崩壊する」

出席者の誰よりも高い元帥の地位にあり、年齢でも十年以上も先輩のマッカーサーに、正面から反対できるものはいない。彼はすでに、九月十五日に仁川上陸作戦を行なうつもりで、準備に着手していた。しかし、統合参謀本部は作戦の承認を渋り、作戦日の六日前にようやくゴーサインをだした。

準備の開始はそれよりも早かったので、十五日の作戦に支障はない。仁川の偵察は航空写真偵察で行なわれただけではなく、現地に潜入した海兵隊の偵察員によって、綿密に行なわれていた。潮の干満の情報や海岸の状況が確認され、それに応じた突入方法が検討された。そのうえ、破壊されていた航路標識灯を修理して、作戦時に点灯する準備までされていた。

作戦に参加する上陸部隊や艦船の準備も進んでいた。艦船総数は二六〇隻にのぼる。打撃部隊の空母三隻、海岸で上陸支援をする護衛空母三隻、艦砲射撃で支援する巡洋艦や駆逐艦、イギリスの空母など連合軍の艦船約三〇隻、それに上陸部隊第十軍団の七万人を輸送する艦船一二〇隻あまりで編成されている。

軍艦は佐世保軍港を基地にして行動しているが、上陸部隊の準備は、神戸と横浜で行なわれた。八月末から、輸送艦船への物資資材の積みこみがはじまっている。種類が多い多量のものを、クレーンも何もない上陸地で手早く下ろし、すぐに使えるようにすることを考えながら積みこむ。だから時間がかかる。

悪いことに時期は、二百十日、二百二十日の台風襲来の季節であった。神戸で準備中であった艦船は、まず二百十日の台風の直撃を受けた。

この台風はジェーンと呼ばれた。当時は気象観測や予報も占領軍の統制を受けており、台風名も発生番号で呼ぶ日本式ではなく、アメリカ式にアルファベット順で女性の名前をつけていた。アメリカ女性は猛烈だからというのであろうか。当時の優しい日本女性の名前は台風に似合わないのか、アイコとかエイコといった名前のものは見られない。台風の観測そのものが、発生直後に米軍機B29を台風の渦の中に飛ばせて行なわれていたので、その命名も米軍の手中にあった。

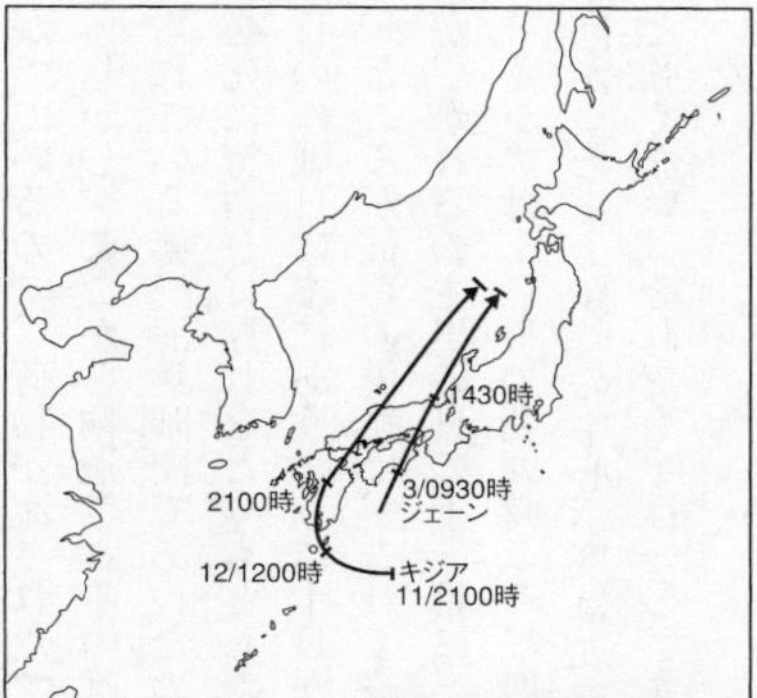

昭和25年9月台風進路

ジェーンは九月三日朝、室戸岬に上陸し、一三時ごろ阪神付近を通過して若狭湾に抜けた。最大風速五〇メートルの風に巻き上げられた波は、神戸港の岸壁に積み上げられていた作戦用の積み荷を押し流し、すでに積みこまれて、甲板上に置かれていたものまでも洗い流した。兵庫県で家屋二五四戸が全壊し、八〇〇〇トンの外航船がドックに衝突して、船底に大穴を開けられるという被害がでているので、荷物が流されたていどですんだのは、よかったといえよう。

しかし、ここから輸送されるのは、第一番に仁川に上陸して橋頭堡を設置する任務を与えられている第一海兵師団であったので、問題があった。準備の遅れは許されない。関係者は必死に努力して遅れをとりもどした。おかげでLSTなど六六隻の上陸用艦艇は、九月十五日の作戦日にまにあうように十日から十二日にかけて、神戸港を出ることができた。

ところが彼らの災難は、これで終わりではなかった。キジアと呼ばれる二百二十日の台風が、かれらの主出港日の十一日に、室戸岬の南五〇〇キロメートルの位置を北上していた。

キジアは十三日の朝九時ごろに鹿児島県大隅半島に上陸し、九州を縦断して真っすぐ北に向かった。上陸時の中心示度は九六〇ミリバール（ヘクトパスカル）なので、勢力はそれほど強くない。それでも半径一〇〇キロメートルの範囲で、二五メートルの暴風が観測されていた。

仁川作戦部隊は、この台風の中で、十五日に迫った作戦のための移動をしなければならなかった。大潮の日に合わせて上陸が計画されているので、行動を延期することはできない。

国連軍総司令官マッカーサー元帥は、作戦を直接指揮する必要はない。しかし、自ら発案し、推進したこの作戦を、自分の目で見たいと思った。また戦場で指揮官先頭のスタイルを示し、部下の士気を高めようとするのは、彼が第一次大戦の時いらいとってきた態度でもある。

マッカーサーは専用機で東京を出発し、十二日の夕刻に、台風で荒れだした天候の中を福岡の板付飛行場に到着した。そのまま佐世保に向かった彼は、上陸部隊の旗艦で大型輸送艦の、マウントマッキンレーに乗艦した。クロマイトと名づけられたこの作戦に参加する上陸部隊と掩護部隊は、十三日に済州島沖に集合することになっていた。マッカーサーは、旗艦の上で部隊と行動を共にするつもりである。

「閣下、台風はまもなく九州南端に上陸いたします。済州島付近を直撃することはあるまいという予報になっておりますが、波はしだいに強くなり、十三日の午前中がピークだと予想されます」

艦長が、すでに一〇度以上もローリングしている艦上で、元帥に報告した。

「ああ、船には乗りなれているから、少々のことでは驚かないよ。それにしてもキジア嬢は、相当におてんばだと見えるね」

第一次大戦、第二次大戦で、転戦のたびに輸送船や軍艦で移動してきた経験が豊富な七十歳の元帥は、余裕たっぷりである。

しかし、輸送艦は戦闘艦ほど頑丈ではないし、揺れも大きい。そのうちに係留が十分ではなかった積荷が、船倉内を右に左に移動して暴れだした。ほかの中小の艦艇では、甲板に置いてあった積荷の一部が、波にさらわれはじめた。チャーターされて加わっていた四隻の日本船は、普通だと台風を避けるように航海するのだが、部隊

ダグラス・マッカーサー元帥

の一部になっているので、勝手なことはできない。二七メートルの風が引き起こす一〇メートル以上の波に揉まれていた。

「雨が降ろうと槍が降ろうと」という表現があるが、兵士たちが銃砲弾の雨に曝《さら》される前に台風の洗礼を受けたのが、このクロマイト作戦であった。

幸いに台風は、十四日朝には秋田の西まで北上して、熱帯性低気圧に変わった。おかげでこの日の仁川沖への移動は、好天の中で行なわれた。艦船の台風による被害も、第二次大戦中にハルゼー艦隊が受けた台風の損害よりもはるかに小さかった。

天候が回復すると、航空機の出番になる。B29爆撃機はすでに九月初めから、北朝鮮軍の補給輸送路として重要な鉄道を各地で爆撃して破壊していたが、台風が去った後、ふたたび爆撃をはじめた。またB29は、群山付近で宣伝ビラを撒《ま》いていた。「連合軍が群山に上陸するので、住民は避難せよ」という趣旨のものである。これは北朝鮮軍に、連合軍の上陸地は仁川ではなく、群山だと思わせるための謀略ビラであった。

護衛空母から発進する海兵隊の航空機は、群山と仁川両方の軍事施設や飛行場を航空攻撃して、上陸目的地をはぐらかすのに努めていた。艦砲射撃をして上陸支援をする巡洋艦や駆逐艦も、輸送艦船に先行して仁川に赴き、仁川港入口の守備砲台がある月尾島を、十三日から砲撃していた。

こうしていよいよ、クロマイト作戦の当日の十五日になった。雨模様の朝であったが、艦載機は月尾島の砲台に攻撃を集中した。艦砲射撃も行なわれた。そのため朝の大潮のときに海兵一個大隊が砲台に接近しても、大きな抵抗は受けなかった。大隊はまもなく月尾島を占領して、夕方の本番上陸に備えた。

艦載機は日中一日、仁川周辺の軍事施設や飛行場を攻撃した。夕方になり、雨上がりの空を太陽が赤く染めている中で、上陸作戦がはじまった。マッカーサーは、甲板上の椅子に無防備の姿で腰を下ろし、作戦の推移を見まもっていた。

夕焼け空はやがて、ロケット弾の火炎で赤く光ったかと思うと、黒煙に覆われていった。二時間の満潮時間を有効に利用するため、海面一杯に広がった上陸用艦船がいっせいに突進する。岸に乗り上げたLSTから、歩兵や車両が海岸に吐き出された。しかし、引き返すひまがなかったLSTの何隻かが、潮が引いた浜に残されたまま北朝鮮軍の砲弾を浴びることになった。

それでも油断していた北朝鮮軍は、兵力を仁川に集中できず、多いとはいえない守備隊が連合軍の事前の砲爆撃で叩かれていたので、上陸は思ったよりは容易であった。クロマイト作戦は成功したのである。

陸海空戦力を総合した米軍得意の物量作戦は、台風の影響をものともせず、目的を達した。マッカーサーの得意や思うべし。

かつての自分の副官で、すでに欧州方面の連合軍総司令官の地位を引退していたアイゼンハワー元帥の賞賛にたいして、あえてマッカーサーは、戦いはこれからだと、軍人の見本のような所見を書き送っている。

中国大陸と台湾への波及

クロマイト作戦の後、朝鮮戦争は新しい段階に入った。マッカーサーの予言どおりに崩壊した北朝鮮軍は、十月には連合軍によって、中国国境付近まで追い詰められていた。十一月になると、オーストラリア、カナダ、ギリシャ、フランス、オランダ、タイその他の国連各国が、地上軍を朝鮮半島に送りこんできた。

このような状況の中で、北朝鮮は共産党政府の隣国に助けを求めた。共産中国は十月末に義勇兵という名の地上軍を派遣し、国境線を越えさせた。ソ連も北朝鮮軍機の一部にソ連人操縦者を乗せて、航空戦に参加させた。

このため国連軍は、ふたたび三八度線を南に押し戻されたが、三月中旬には盛り返し、三八度線を挟む地帯で戦線が膠着した。

マッカーサーは、中国共産党軍が介入してきた段階で中国沿岸を封鎖し、産業地域を爆撃するなどの処置をとることの承認を米政府に求めていた。実現はしなかったが、台湾の蔣介石軍を朝鮮半島に増援させたり、中国大陸に反攻上陸をさせることも主張していた。

場合によっては核兵器を使用するという彼の主張に、アメリカのトルーマン大統領は、第三次世界大戦発生の危険性を見てとった。そこでトルーマンは、政治優位の原則に従って行動したのである。昭和二十六年四月十一日、トルーマンはマッカーサーを、国連軍司令官、米極東軍総司令官、日本占領の最高司令官の地位から罷免した。

朝鮮戦争がはじまったとき、米大統領は第七艦隊にたいして、韓国海軍を支援するよう命じた。それとともに、中国共産党軍がこの機会につけこんで、国民党が支配する台湾を攻撃しないように警戒し、佐世保を根拠地にして行動するように命じていた。

一九四九年（昭和二十四年）十月一日、中国共産党は、中華人民共和国の成立を宣言した。第二次大戦に日本が敗北した後、中国では蔣介石が率いる国民党軍と、毛沢東の共産党軍が内戦を行なってきた。しかし、このころになると国民党政権の敗北が明らかになっていて、国民党支配地は、中国の西部と南部および台湾に限定されていた。それも、支配地が縮小するいっぽうの状態であった。

蔣介石はこの年一月に中華民国総統の地位を下りていたが、党の政治の実権は握っていた。中華民国政府はこの年十二月に、重慶が共産党軍に占領されたため、重慶から台湾に移動している。

国民党軍を率いた頃の蔣介石

この状態に嫌気がさした米トルーマン大統領は、年が明けた一月に、中国問題不介入の声明をだした。蔣介石に見切りをつけたのである。イギリスも中華人民共和国を承認していた。しかし、五ヶ月後に朝鮮戦争がはじまったために状況が変わった。

朝鮮戦争中に、もし台湾を中国共産党政府が支配するようになると、朝鮮半島を共産党政権が支配することも容易になるだろう。そうなると、事態は日本に飛び火しかねない。琉球も当然危うくなる。トルーマンは、そのことを恐れていた。彼は第七艦隊を台湾周辺で行動させることによって、アメリカの、共産主義波及の抑止の意志を示したのである。

アメリカのおかげで息を吹き返した蔣介石政府は、その後一九五四年末にアメリカと米華相互防衛条約を結び、翌年から米空軍が、台湾に常駐するようになった。その後、米軍の駐留は増加し、アメリカが北京政府と国交をもつ直前の一九七八年まで続いた。

アメリカの援助を得た蔣介石は軍備を充実して、大陸反攻を国防方針の柱にした。

蔣介石はマッカーサーが国連軍を率いて朝鮮と中国の国境を越えたときが、大陸の地盤回復の好機だと考えていた。しかしトルーマンは、台湾防衛の意志は示したが、第三次世界大戦を引き起こす可能性があると考えられる、マッカーサーの作戦計画を支持するつもりはなかった。とうぜん蔣介石の反攻計画に、同意するつもりもない。マッカーサーの退任により、蔣介石の計画は実現不能になった。

当時、共産党政府の中華人民共和国を承認していた共産圏以外のめぼしい国は、イギリスのほかはインドぐらいであった。国連に議席を持っているのは、台湾に移った国民党政府の中華民国であり、国際的には、国民党政府が中国全体の代表権をもっているとされていた。

共産党政権は台湾を占領して、名実ともに中国代表だと国際的に認められたいのだが、アメリカが台湾防衛の意志を示しているかぎり、武力で台湾を併合することはできない。

現在の台湾領で大陸にもっとも近い位置にあるのが、金門島と馬祖島である。どちらも中国本土から一〇キロメートル内外の距離にあるので、大砲の射程内である。金門島は約五〇平方キロメートルの面積を持ち、馬祖島の五倍で住民は四万人以上である。どちらの島も、もともと福建省の一部なので、住民は大陸と往来している。小さな漁船で往来できる距離なのである。

これらの島は、共産党政権にとっては、目の上のたんこぶというところであろう。逆に国民党政権にとっては、大陸反攻の足がかりになる島なので、簡単に手放すわけにはいかない。何かのときは争奪合戦の目的になる島である。

一九五八年に両島は、共産軍上陸の危機に曝された。上陸作戦の準備の砲撃が対岸から行なわれただけでなく、島の周辺で小艦艇や航空機どうしの交戦があった。

最初は宣伝合戦と砲撃の応酬で緊張が生じた。共産党軍は上海に軽爆撃機ＩＬ28を集め、台湾の対岸の福建省や広東省にＭＩＧ戦闘機一一〇〇機を展開した。台湾の国民党軍は、Ｆ86など二〇〇機の戦闘機で対抗する姿勢を見せた。

初めて空中戦が起こったのは七月二十九日で、汕頭上空で四機ずつが交戦し、国民党軍機二機が撃墜された。台湾の旧式機Ｆ84は、大陸の新鋭のＭＩＧ17に性能が劣っていたからである。その後空中戦は、金門、馬祖両島上空で、十月まで何度もくり返された。国民党軍が性能がよいＦ86Ｆを飛ばせるようになってからは、台湾側が有利になっている。背後にアメリカの支援があったおかげである。

同じころ、金門、馬祖両島付近の海上でも、駆逐艦や魚雷艇、哨戒艇などの交戦があった。この年は八月から九月にかけて、毎週のように台風がこの方面を通過したので、戦闘はそのあいまに行なわれたようなものである。

砲撃はどちらもひっきりなしで、共産党軍の四〇〇門の大砲が、両島合計で一日に二万発以上を撃ち込んだことがあった。砲撃は目標が固定しているので、霧や雨の中でも、弾着を気にしなければ実施可能である。目標を破壊するためというよりは、心理戦的な面があるから、撃つだけで目的を遂げている。

ただこのときは、共産党軍が本気で上陸を考えていたようで、それほど多くもない魚雷艇などを総動員して、両島の海上封鎖をしていた。国民党軍の側は、台湾海峡を渡って補給をしなければならないので、容易ではない。台風などで波が高いときは航海ができず、島に接近すると、魚雷艇の攻撃を受ける。

しかし、そのうちに国民党軍側が、輸送に喫水が浅い哨戒艇を使うようになってから、魚雷の命中が少なくなった。魚雷が艇の下をくぐり抜けてしまうからである。その代わり波があると、このような哨戒艇の航海は難しくなった。特に九月の末には、北の季節風が吹きはじめる。そのために補給はますます難しくなり、必要量の一割から二割しか届けることができなくなった。結局、米軍が支援に乗りだし、両島はようやくもちこたえたのである。

共産党軍は中華人民共和国発足直後に、海南島、舟山群島その他の大陸沿岸諸島に、上陸作戦をして占領した実績がある。もっとも国民党軍が放置した米軍用ＬＳＴなどを利用したのであり、海峡を渡って台湾に攻めこむ能力は持っていなかった。そのとき金門島にも上陸したが、小舟を集めて一〇〇〇人を輸送するまではできたのだが、あとの輸送が続かなかった。

このときは最初の上陸の徴候が見られたとき、国民党軍は台湾から太平艦を救援に向かわせたが、十月末の季節風が航海を妨げた。そのすきに共産党軍が上陸したのである。しかし、まもなく太平艦が到着し、共産党軍の小舟は蹴散らされた。補給なしに島に残された共産党軍兵士たちは、国民党軍に殲滅されたのである。

海は天然の防壁である。制空権と制海権を持ち、十分の上陸用舟艇や輸送船を持たないかぎり、大陸側からも台湾側からも相手側に攻め入ることは容易ではない。台湾海峡は秋から初春にかけて北東季節風が吹き荒れることが多く、白波が立つ海上を、小舟で大軍が渡ることなど思いもよらない。まして台風の季節の状態はそれ以上である。一時的に上陸できても、あとの補給輸送が続かない。何十年にもわたって、大陸側も台湾側もお互いにかけ声は高くしながら、上陸作戦を敢行できないでいるのは、米軍の抑制があるからだけではなく、自然環境も関係している。

日本がかつて蒙古軍の来襲を受けながら、侵略軍を撃退することができたのも同じ理由によるといえよう。米軍のように、台風で被害を受けても、被害量をしのぐ物量で行動できる軍隊であれば、海を越えて作戦を行ない、相手を屈服させることができるが、国力が小さい国は、小規模の上陸作戦を成功させることさえ難しいのである。

革命的科学戦の時代と気象

天象や気象は昔から、人間の生活に密着した現象であった。特に農業や漁業で、自然と共に生きていた人々にとってはそうであったろう。一方で、自然の中で争い戦う人々にとっても、これらは関心が深い現象で、これを戦場で利用する技術が古くから存在した。

近代、現代になると、戦争が自然と縁遠い人々によって戦われることが多くなるので、戦争と気象が結びつかなくなるかというと、かならずしもそうではない。

近代の軍艦も帆船時代ほどではないが、やはり自然現象の影響を受けながら航行している。かつては空を飛ぶ人間は天狗か魔女だと思われていたのに、近代に入ると、航空機で戦闘が行なわれるようになった。そうなると新しく、航空気象に関心が向けられるようになる。潜水艦が発達してからは、海中の現象を研究することも必要になった。

現在は、宇宙の状況まで知らないと、兵器を扱うことができなくなっている。このように、近代、現代になってからは新しい分野で、天象気象を軍事に利用する技術が生まれたのである。

前大戦末期に日本軍は、千葉県や茨城県の海岸から、爆弾をくくりつけた風船をアメリカに向けて放流した。放流された一万個近くのうち、少なくとも二八七個がアメリカに届いたことが確認されている。

この兵器の研究の過程で、日本の上空からアメリカの上空にいたる空の黒潮、ジェットストリームの存在が明らかになった。中緯度偏西風と呼ばれる最大秒速八〇メートルにも達する強風は、一万二〇〇〇メートル前後の高度をチューブ状になって移動している空気の流れである。風船はこの流れに乗って、アメリカに到達したのである。

この流れは、冬季は日本の上空にあり、風速も早いが、夏期には北上する。戦後、日本からアメリカに向かう航空機は、行きはこの流れに乗って時間と燃料を節約し、帰りは流れを避けて飛行するようになった。そうなると、流れの位置や風速を確認することが必要になってくる。

それとは別に、航空気象の研究の必要性も多く出てきた。たとえば、航空機が高空で零度近い湿った空気の中を飛行するときに、翼などに氷が張り付くアイシングと呼ばれている現象が起こることがある。これは特別の条件の中で起こり、それが起こりやすい季節とか天候状態がある。その状態の発生を予報することも必要になる。

雲の高さや飛行場近くの天候を予測することも、飛行のために大切である。そのために新しく、気象学の中に航空気象の分野が生まれ、バルーンなどを揚げて観測する高層気象データも取り扱われるようになった。このことから分かるように、兵器の近代化は、自然との関わりを薄くするものではない。

兵器の近代化の中で、航空気象については特に多くの問題が新しく発生したが、陸戦についても例外ではない。

第一次大戦中の一九一四年秋に、フランスが催涙弾を作製してドイツとの戦闘の中で使った。これが毒ガス使用の契機になったが、ガスが味方を傷つけないように、使用時に風向風速や大気の状態を考えなければならなかった。一九一五年九月、ドイツがマルヌ会戦で大量の塩素ガスを使ったときから、ガスの使用と気象の関係の研究は、軍の重要な研究テーマになった。

日本でも第一次大戦の教訓から毒ガス製造がはじめられたが、実際に使用すると、報復のガス使用を引き起こす可能性があり、催涙弾しか使われることはなかった。それでも使用する方法や使用された場合の防護法の研究、教育はされていた。

陸軍では、昭和十二年に「防護教範」が制定されたが、その中に、「ガスに影響を及ぼす気象要素」という章がある。そこには風は一日のうちでいつが強いか弱いか、ガスが滞留しやすい気温の逆転層はどういうときにできるか、気象観測はどのように行なうかというようなことが記述してある。

今後は、自然の状態の気象現象を戦場で利用したり、その影響を抑えたりというだけでなく、積極的に特別の気象現象を起こさせて、それを戦争に利用することも行なわれるようになるだろう。

地球の温暖化で北極南極の氷が解けると海面が上昇するが、それを手段として使い、小さな島国や海岸国の一部を、水没させるぞと、脅迫することは可能である。

ダムの決壊が下流域にある国に洪水を起こすことを利用したり、逆にダムを新しく造ったり、水路を変更したりして、下流に干魃《かんばつ》をもたらすことが紛争の種になったりしていることは、すでに現在の世界に見られる。

日華事変中に中国軍は、日本軍に対する防御作戦の一環として黄河の堤防を破壊して洪水を起こし、農民の怒りを買った。目的のために手段を選ばない作戦が行なわれると、被害を受けるのは一般の人々である。

一九九〇年八月二日のイラク軍のクウェート侵入ではじまった湾岸戦争は、米軍にとってハイテク戦争を実験する場になった。偵察衛星がイラク軍の展開情報を司令部にもたらし、米軍はそれによって攻撃目標を変更した。

戦闘の状況は作戦の秘密保護のために一般への報道が制限されていたが、それでは納得しない納税者のために、米軍報道官は、つぎのような戦闘の映像を提供することをしたのである。

レーザー誘導爆弾の安全装置が解除された。パイロットの目は操縦席前方の表示画面ディスプレイに注がれている。

「イニシャルポイント通過」

パイロットは画面の表示を自分で確認してから、まっすぐに最終の爆撃針路に向かう。ディスプレイに十字線が現われている。赤外線センサーで表示された爆撃目標に十字を合わせる。

「マスターアーム　スイッチオン」

「発射」

ガタンという音がして爆弾は機体を離れ、やがてディスプレイにも爆弾の影が映った。

このような映像がテレビを通じて家庭の居間に流され、全世界の人々は、新しい戦争の時代が来ていることを知った。

一方で湾岸戦争は、戦争がもたらす災禍が、局地的なものではなく、地球全体に及ぶことを教えた。イラク軍が敗れてクウェートから撤退したとき、油田に放火して世界中の大気を汚染した。油田破壊のために生じた石油の産出量の減少は、世界経済に大きな影響を及ぼしたのである。

第二次大戦が科学戦と呼ばれたことは知っていても、その後の兵器と軍事の発達を教えられることがなかった日本人のほとんどは、湾岸戦争の戦闘の映像に驚くだけであった。生きていくためにはそのような世界の状況を知っておく必要があるが、島国日本に流されてきたそれまでの情報は、軍事から目を背けた観点からのものが多かったからである。二〇〇一年九月のニューヨーク航空テロ事件をきっかけにした対テロ戦争の中で、日本の一般の人々の軍事への関心は高まったが、まだ知識は十分でない。

第二次大戦後に発達してきたのは、車や家電製品だけではない。そのようなものは兵器研究のおかげで発達してきた反面を持っている。気象衛星のおかげで、だれもが地球の雲の動きを目で見ることができるようになったのも、兵器として開発されたロケットや、人工衛星に積む電子的な対地監視装置の発達のおかげである。

　現在の兵器とその運用体制は、第二次大戦とそれに続く朝鮮戦争の時代に比べて、異質ともいえる発達をしてきている。ＲＭＡ（Revolution in Military Affairs）、軍事革命といわれるような時代になっているのである。

　第二次大戦後の米ソ対立は、核兵器と宇宙兵器の開発競争の中で、それまでとは違う軍事の発達をもたらした。そのような機構の中で欠くことができないのが、レーダーや探知衛星およびコンピューターのシステムである。これらシステムは、人間が見たり聞いたり判断したりするよりもはるかに正確に早く、多くの情報を探知し処理することができる。このようなシステム研究の過程で生みだされたものが、今ではＩＴ革命といわれるものをつくりだすまでになってきている。

　若い人はだれでも親指一本で、遊びや生活の情報をやりとりする時代になったが、近代軍は、一般社会より十年以上早く、ＩＴ革命を成し遂げていた。そのことをはっきり示したのが、湾岸戦争であった。

　そこでもう少し湾岸戦争の状況を、気象の観点から

湾岸戦争——砂漠をゆく多国籍軍（アメリカ海兵隊）のM60戦車

見てみよう。

「気象衛星の情報と各基地の気象レーダー情報などを総合しますと、今夜の戦場の天候は、曇。中層雲に覆われ、六〇〇〇フィート（約二〇〇〇メートル）以下の高度では、視程は良好だと思われます。風は弱く、飛行に支障はありません」

一月十六日の夕刻、サウジアラビアの司令部で気象幕僚の報告を聞いた米中央軍司令官で、西欧と中東各国の合同軍司令官であるシュワルツコフ陸軍大将は、最終的な決心をした。

「副官、今晩十七日二時三〇分に司令部幕僚と英仏エジプト軍代表を、作戦室に集めてくれ」

指定された時間に集まった彼らを前にして、シュワルツコフは簡単に命令した。

「予定どおり、三〇分後の三時ちょうどにデザートストーム作戦をはじめる。各司令官にはすでに命令書が渡してある。直ちに作戦の配置につけ」

イラクのクウェート侵攻いらい五ヶ月余にわたって準備してきた作戦が、いよいよはじまる。合同軍に参加する各国の地上部隊は、イラクとクウェートの国境線沿いにサウジアラビア内で待機している。しかしこの日の主役は、サウジアラビア内各飛行場で待機していたり、すでに国外の飛行場を離陸してイラクに向かっていたりする各国航空機と、周辺海域に展開している各国艦艇および艦載機であった。

いよいよ作戦が発動された。まず航空機六五〇機が行動をはじめた。最初に攻撃をはじめたのは、Ｆ117ステルス攻撃機九機である。レーダー電波をほとんど反射せず、熱線放出量も少ない特殊な構造になっているので、相手に発見されにくい。そのためイラクの心臓部バグダッド周辺にある防空戦闘司令部や指揮、通信、情報のセンターを攻撃目標にしていた。連携して陸軍の攻撃ヘリコプターアパッチも、国境線近くにある警戒レーダーを攻撃した。これで、攻撃機などが発見されて撃墜される可能性が小さくなる。つづいてバグダッド近くの重要目標を、艦上から発射された巡航ミサイルトマホークが狙った。米空軍の攻撃機Ｆ15ＥやＦ16、それに空母機Ｆ14も攻撃をはじめた。

天候は予報どおりで、雲はあったが攻撃を妨げるほどではなかった。それに米英仏の航空機は、夜間や霧の中でも攻撃ができる装置をもっている。ＦＬＩＲと呼ばれる赤外線を利用する前方監視装置は、晴れている昼間と同じように、前方を見ることができる。地上で歩兵などが使う暗視装置を、やや高度にしたものと思えばよかろう。

目標を攻撃するときに使うのがレーザー照準の、ＧＢＵ24など滑空爆弾である。命中精度は良く、一メートルも目標をはずさない。数十メートルもの地下にある堅固な防護施設を、破壊できるものもある。

巡航ミサイルトマホークも、外部からの誘導なしに何百キロメートルも飛行する途中で、風に流されれば方向を自動的に修正し、地形に応じて高度を変えながら目標に接近する。

このような新兵器は、ＲＭＡの兵器そのものであり、コンピューターなしでは機能を発揮できない。

兵器の運用はレーザーとコンピューターのおかげで、気象状態に影響されることがあまりなくなった。

このような航空作戦は四十三日間つづいた。イラク軍はほとんど反撃することができず、組織的な戦闘力を失った。

イラクは中近東の陸軍大国で、戦車を四〇〇〇両以上、その他の戦闘車を二八〇〇両も持っていたが、航空攻撃のためにその三分の二を失っている。航空機も八〇〇機ぐらい持っていたが、その三分の一を失い、米軍機で、空中戦により撃墜されたものは一機もなかった。合同軍機全体でも、一一万回の出撃のうち対空砲火や対空ミサイルで失われたのが三八機だけという少なさで、合同軍は、完全に制空権を握ったのである。

この地方は夏が乾期で、冬は比較的雨が多い。そうはいっても年間降水量が日本の十分の一ぐらいなので、冬の雨量はそれほど多くない。ただ冬は曇天が多いので、航空機の出動が制限されることが多く、作戦の最初の十日間は、出撃計画の四割がそのためにキャンセルされた。ＲＭＡといっても、地上の飛行支援設備が十分ではないこのような戦場では、すべての航空機が全天候機として活動できるわけではない。

特に陸軍の観測機Ａ10やヘリコプターは、曇り空の中で飛行を制限されることが多かった。陸軍機は地上戦のときに活躍しなければならないが、それが制限されたのである。航空作戦が続いたあとの地上戦は二月二十四日から一〇〇時間行なわれた。

二十五日の夜は雲が、高さ五〇メートルぐらいまで低くなった場所もあり、ヘリコプターでイラク軍を攻撃するのは難しかった。その中をイラク軍は、車両を連ねてバグダッドに向けて敗走したので、米空軍のF15が出動して攻撃する事態も起こった。

地上戦のときは冬であったので、気温が適度であり、風も弱く、その面で兵士が悩むことはなかった。もしこれが夏であったら、砂漠の中の戦闘なので、敵味方とも苦労したであろう。暑熱に焼かれるだけでなく、砂嵐が行動を妨げるからである。砂嵐で巻き上げられる砂は、ヘリコプターのローターやエンジンの回転部分に入りこみ、故障の原因になる。戦車も人も砂の中に埋まり、視界はゼロになる。

航空部隊がサウジアラビアに展開したときは夏であったが、五四度Cにもなる飛行場の気温に悩まされている。兵士が参ってしまって、整備作業ができないのである。

砂漠地帯は暑いだけで、気象は安定していると思いがちだが、風も吹けば雨も降り、雷さえある。そのような戦場で気象部隊が活躍することは、やはり重要である。ただその場合も、RMAが気象観測や予報を助けてくれたので、第二次大戦のときと比べて、格段に楽になった。

湾岸戦争の全期を通して軍事行動全般にわたり偵察衛星や通信衛星の活躍が見られ、現在カーナビゲーションに利用されているGPS衛星は、砂漠の中の地点標定に役立った。そのころ一般にも利用されていた地球観測衛星LANDSATは、気象データを提供してくれた。米軍はそれだけでなく、ソ連の気象衛星メテオールまで利用している。

これら衛星は、画像だけでなく、気温や水蒸気のデータも送ってくる。そのため気象部隊は、第一線に進出して危険を冒しながら気象データを入手するという、第二次大戦のときのような苦労をしなくてもすむようになった。データの解析もコンピューターがやってくれるので、早く楽に正確な結果がでてくる。ＲＭＡ様々である。湾岸戦争は、新しい時代の戦争と気象の関係もはっきり示してくれた。

あとがき

人類の歴史を、戦争・闘争と切り離して考えることはできない。縄文時代の人骨に石の鏃《やじり》が刺さっていたり、石の武器で殴られて陥没した頭蓋があったりすることはよく知られている。そのような時代から、戦闘に気象現象を利用することが行なわれたのは確かである。中国の古典に利用法が見られることが、このことを示している。

中国も日本も戦国時代が合戦の時代であったことはもちろんだが、それ以外の時代の変わり目にも、かならず武力による争いが見られた。このことは世界に共通している。日本は縄文時代に島国になったおかげで、外部勢力と争うことはあまりなかった。大陸国家の外国のほうが、戦争の規模が大きく、期間も長いことが多い。

日本人はドイツ人とともに、第二次大戦後の占領軍の政策によって、世界戦争の元凶だとされてきた。古くから利益を求めて東洋に進出してきていた欧米人は、「勝てば官軍」の立場に立ったのである。

しかし、歴史は人々の相互作用の中で作られるものであり、簡単に白黒を決められるものではあるまい。その中で気象という現象は、観測できずに人々に知られないことはあっても、なかったということにすることはできない。その現象を予測し、うまく利用した方が戦闘に勝つことは本書で累述した。

朝鮮戦争のときに、日本の統治者マッカーサーが命令して、朝鮮半島の戦争が日本に波及しないように警察予備隊を創設させた。これが日本独立後に自衛隊と名を変えてからも、その存在を認めたがらない人が多かった。現実に存在するものを否定し、世界中で起こっている戦争や紛争から目をそむけていれば、自分は安泰だという狭い考えに取りつかれていたのである。

おかげで日本国民は、軍事に無関心の特別な国民になった。この本で気象という自然現象と戦争を結びつけて説いているのは、日本人がそのような狭いものの見方から脱却して欲しいと願ってのことである。

外国スパイの暗躍や、ゲリラ訓練を受けた外国人の不法入国事件は、戦後すぐからずっと続いていた。しかし最近になって、戦後教育の影響を受けた人々が社会から引退し、ＰＫＯなどで自衛隊が海外で活動するようになったためか、ゲリラ事件への対処などの必要性がいわれるようになった。ニューヨークでの航空テロや、全米各地の炭疽菌事件の発生が、日本の対テロ、対ゲリラ対処体制を加速的に整備させている。軍事に関心を持つ日本人も少しずつ増えてきているようである。そのような社会の変化の中で、若い人々が軍事を知るために、日常的でとりつきやすい気象現象と戦争の関係から入ることは、好ましいのではないかと思っている。

平和そのもののように見える「気象」も、利用のしかたによっては悪魔に変身する。軍事を知ることにより、それを防止することができる機会も増えるであろう。

筆者は防衛大学校出の、元航空自衛官である。筆者の自衛隊生活の前半生は、飛行機操縦からはじまった。その後要撃管制官として昼夜、地下の施設の中で対領空侵犯措置のために日米の戦闘機を管制し、防空組織内で、防空上の指令をする生活をした。

そのような毎日の中で、航空気象については常に注意し、部下とともに自分でもレーダー基地で気象観測をしたり、狭い範囲の予報をしたりという経験もした。後半生は軍事史について研究したり教育をしたりする配置が多かったが、防空組織を指揮して、中国、台湾や朝鮮の気象状況に関心をもったこともある。

そのような筆者の過去の経験と軍事史研究の結果が、本書になったのである。

なお本書は、軍事専門書でも気象専門書でもないので、専門用語は平易な語に言い換えをしたりして、できるだけ使わないようにしているが、分かり難いと思われるものについては、その前後に注釈的な記述を入れているつもりである。

いつもながら、光人社の牛嶋義勝氏に出版の労をとっていただいた。心から感謝します。

平成十三年九月

熊谷　直

【主要参考文献】

防衛研修所戦史室『ハワイ作戦』
防衛研修所戦史室『マレー進攻作戦』
防衛研修所戦史室『比島攻略作戦』
防衛研修所戦史室『比島マレー方面海軍進攻作戦』
防衛研修所戦史室『南方進攻陸軍航空作戦』
防衛研修所戦史室『南太平洋陸軍作戦1・2』
防衛研修所戦史室『南東方面海軍作戦1・2』
防衛研修所戦史室『東部ニューギニア方面陸軍航空作戦』
防衛研修所戦史室『北東方面陸軍作戦1・2』
防衛研修所戦史室『北東方面海軍作戦』
防衛研修所戦史室『本土防空作戦』
防衛研修所戦史室『沖縄方面陸軍作戦』
防衛研修所戦史室『沖縄方面海軍作戦』
防衛研修所戦史室著その他の戦史叢書シリーズ各巻
参謀本部『明治二十七八年日清戦史』
参謀本部『明治三十七八年日露戦史』
海軍軍令部『明治二十七八年海戦史』
海軍軍令部『明治三十七八年海戦史』
陸戦史研究普及会『朝鮮戦争』（原書房、各巻）
海軍有終会『近世帝国海軍史要』
軍事史学会『第二次世界大戦』（錦正社、一―三巻）
同台経済懇話会『近代日本戦争史』
気象庁『気象百年史』
中川勇『陸軍気象史』
中央気象台『気象要覧』
NHK放送文化研究所『NHK気象ハンドブック』
羽田航空気象台橋本梅治・鈴木義男『新しい航空気象』
荒川秀俊『お天気日本史』
半沢正男『戦争と気象』
矢崎好夫『八月十五日の天気図』
外山三郎『日露海戦史の研究』
谷寿夫『機密日露戦史』
栗原勇『日本戦史研究録』（各巻）
宇垣纏『戦藻録』
モリソン著 中野五郎訳『太平洋戦争アメリカ海軍作戦史』（改造社、各巻）
ニミッツ著 実松譲ほか訳『ニミッツの太平洋海戦史』
米第二十空軍司令部編 奥住喜住ほか訳『原爆投下報告書』

米国空軍編　美代勇一訳『日本爆撃記』
バーガー著　中野五郎ほか訳『B29』
陸上自衛隊第十三師団『広島師団史』
『秘録大東亜戦史』（富士書苑、各巻）
水谷鋼一ほか『日本列島空襲戦災史』
美濃部正『大正っ子の太平洋戦記』
生田惇『陸軍航空特別攻撃隊史』
福井静夫『日本の軍艦』
蔣介石『蔣介石秘録』（サンケイ新聞社、各巻）
鈴木俊平『風船爆弾』
三浦梧楼『観樹将軍回顧録』
草鹿龍之介『聯合艦隊』
猪口力平・中島正『神風特攻隊』
吉川猛夫『真珠湾スパイの回想』
気象庁保管の関係天気図

単行本　平成十四年二月「気象が勝敗を決めた」改題　光人社刊

NF文庫

気象は戦争にどのような影響を与えたか

二〇一九年十一月二十二日 第一刷発行

著者 熊谷 直

発行者 皆川豪志

発行所 株式会社 潮書房光人新社

〒100-8077 東京都千代田区大手町一-七-二

電話/〇三-六二八一-九八九一(代)

印刷・製本 凸版印刷株式会社

定価はカバーに表示してあります

乱丁・落丁のものはお取りかえ致します。本文は中性紙を使用

ISBN978-4-7698-3143-3 C0195

http://www.kojinsha.co.jp

NF文庫

刊行のことば

第二次世界大戦の戦火が熄《や》んで五〇年――その間、小社は夥しい数の戦争の記録を渉猟し、発掘し、常に公正なる立場を貫いて書誌とし、大方の絶讃を博して今日に及ぶが、その源は、散華された世代への熱き思い入れであり、同時に、その記録を誌して平和の礎とし、後世に伝えんとするにある。

小社の出版物は、戦記、伝記、文学、エッセイ、写真集、その他、すでに一、〇〇〇点を越え、加えて戦後五〇年になんなんとするを契機として、「光人社NF（ノンフィクション）文庫」を創刊して、読者諸賢の熱烈要望におこたえする次第である。人生のバイブルとして、心弱きときの活性の糧《かて》として、散華の世代からの感動の肉声に、あなたもぜひ、耳を傾けて下さい。